STATIQUE

GÉOMÉTRIQUE.

DE L'IMPRIMERIE DE C.-F. PATRIS,

RUE DE LA COLOMBE EN LA CITÉ, N° 4.

STATIQUE GÉOMÉTRIQUE,

DÉMONTRÉE A LA MANIÈRE D'ARCHIMÈDE,

Par F. PEYRARD,

PROFESSEUR DE MATHÉMATIQUES SPÉCIALES
AU LYCÉE BONAPARTE.

A PARIS,

CHEZ PATRIS ET Cie, LIBRAIRES,
QUAI DES AUGUSTINS, No 57.

1812.

ÉLÉMENTS

DE

STATIQUE GÉOMÉTRIQUE.

LIVRE PREMIER.

DÉFINITIONS.

1. On appelle force ce qui produit, ou ce qui est capable de produire du mouvement.

2. Une force est dite appliquée à un point, lorsque cette force tire ou pousse ce point, suivant une droite qu'on appelle la direction de cette force.

3. On appelle forces parallèles, celles dont les directions sont parallèles; et forces obliques, celles dont les directions ne sont pas parallèles.

4. Si un point, ou plusieurs points, invariablement liés entre eux, sont sollicités à se mouvoir par plusieurs forces, et si ce point, ou ces points demeurent en repos, on dit que ces forces se font équilibre.

5. On appelle résultante une force unique capable de produire le même effet que plusieurs forces réunies.

6. On appelle moment d'une force le produit de cette force

par une droite menée d'un point sur sa direction, ou bien le produit d'une force par la perpendiculaire menée du point d'application sur une droite ou sur un plan (*).

AXIÔMES.

1. Lorsque deux forces égales et appliquées à un même point sont directement opposées, elles se font équilibre.

2. Lorsque deux forces appliquées à un même point se font équilibre, elles sont égales et directement opposées.

3. Si tant de forces P, Q, R qu'on voudra, appliquées à un point A, suivant une ligne droite, agissent dans le même sens, la résultante de toutes ces forces est une force unique égale à la somme des forces P, Q, R, et agissant dans le même sens, suivant une ligne droite.

4. Si tant de forces P, Q, R qu'on voudra, appliquées à un point A, agissent dans le même sens, suivant une ligne droite; et si tant d'autres forces S, T, V qu'on voudra, appliquées au même point A, agissent dans un sens directement contraire, la résultante de toutes ces forces est une force unique égale à l'excès de la plus grande somme des forces qui agissent dans un sens sur la somme des forces qui agissent dans le sens contraire; cette force agissant dans le sens des forces dont la somme est la plus grande.

5. Si une droite AB est sollicitée à se mouvoir dans le même sens, par tant de forces parallèles P, Q, R, S que l'on voudra, et si cette droite reste immobile par la résistance d'un de ses points C, les forces P, Q, R, S produisent sur le point C le même effet qu'une force unique qui, étant appliquée à ce point, seroit égale à la somme des forces P,

---

(*) Ce produit est un nombre, lorsque la force et la perpendiculaire sont représentées par des nombres; et lorsque cela n'est point, ce produit est une ligne, ou une surface, ou un solide.

Q, R, S, pourvu que cette force ait sa direction parallèle à celles des forces P, Q, R, S, et qu'elle agisse dans le même sens.

6. Si une force P est appliquée à un point A, l'effet de cette force sur ce point sera encore le même, si l'on applique cette force à un point quelconque B de sa direction, pourvu que le point B soit invariablement attaché au point A.

7. Si un point A est sollicité à se mouvoir par une seule force ou par plusieurs, et si ce point reste en repos par la résistance d'un point B, invariablement attaché au premier, la direction de la force unique, ou la direction de la résultante des forces qui tendent à mouvoir le point A, passera par les points A, B.

8. Si plusieurs points A, B, C invariablement liés entre eux, sont sollicités à se mouvoir par les forces P, Q, R, appliquées aux points A, B, C, et si cet assemblage de points reste en repos par la résistance successive de deux points D, E, invariablement attachés aux points A, B, C, la direction de la résultante des forces P, Q, R, passera par les points D, E.

9. Si plusieurs points A, B, C, invariablement liés entre eux, sont sollicités à se mouvoir par les forces P, Q, R, cet assemblage de points restera en repos, par la seule résistance d'un point de la direction de la résultante des forces P, Q, R.

10. Si deux forces égales et parallèles sont appliquées aux extrémités d'une droite mobile autour du point qui la partage en deux parties égales, ces deux forces se font équilibre.

11. Si deux forces égales et parallèles sont appliquées aux extrémités d'une droite mobile autour d'un de ses points qui n'est pas son milieu, ces deux forces ne se font pas équilibre, et l'extrémité la plus éloignée du point fixe se mouvra vers la force appliquée à cette extrémité.

12. Si deux forces parallèles appliquées aux extrémités d'une droite mobile autour d'un de ces deux points se font équilibre, et si l'on augmente, ou si l'on diminue une de ces forces, l'ex-

trémité de la droite à laquelle la force augmentée ou diminuée est appliquée, se mouvra vers la force appliquée à ce point, ou dans le sens contraire.

13. Si deux forces P, Q (*fig.* 1), étant appliquées perpendiculairement aux extrémités de la droite AB, mobile autour d'un de ses points C, la force Q fait équilibre à la force P, la force Q lui fera encore équilibre, si elle est appliquée perpendiculairement à l'extrémité D d'un rayon quelconque du cercle décrit du point C avec la distance CB, pourvu que la force Q agisse toujours dans le même sens.

14. Si une force P est appliquée à l'extrémité A d'une droite AB mobile autour du point B, le point A ne restera pas en repos, lorsque la direction de la force P fera un angle avec la droite AB.

PROPOSITION PREMIÈRE.

Si deux forces parallèles P, Q (fig. 2) *appliquées aux extrémités d'une droite* AB, *mobile autour de son milieu* C, *se font équilibre, ces deux forces sont égales.*

Qu'elles soient inégales, et que $P = Q + q$; puisque les forces P, Q se font équilibre, les forces $Q + q$, Q, appliquées aux points A, B se feront équilibre; donc les forces Q, Q, appliquées aux mêmes points, ne se feront pas équilibre (*ax.* 12); mais les forces Q, Q se font équilibre (*ax.* 10); donc les forces Q, Q se font et ne se font pas équilibre, ce qui est impossible; donc les forces P, Q ne sont pas inégales; donc elles sont égales. Donc, etc.

PROPOSITION II.

Deux forces inégales et parallèles P, Q (fig. 2), *appliquées aux extrémités d'une droite* AB, *mobile autour de son milieu* C, *ne se font point équilibre.*

Qu'elles se fassent équilibre; et supposons que $P = Q + q$.

Puisque les forces $Q + q$, Q, appliquées aux points A, B, se font équilibre, les forces Q, Q, appliquées aux mêmes points, ne se feront pas équilibre (ax. 12); mais elles se font équilibre (ax. 10), ce qui est impossible; donc les forces P, Q ne se font pas équilibre. Donc, etc.

PROPOSITION III.

Si deux forces inégales et parallèles P, Q *(fig. 3), appliquées aux extrémités d'une droite* A B, *mobile autour d'un de ses points* C, *se font équilibre, la distance du point* C *à la plus grande force, est plus petite que la distance de ce même point à l'autre force.*

Que P soit plus grand que Q; je dis que la distance CA est plus petite que la distance CB.

Que la distance CA ne soit pas plus plus petite que la distance CB; et que P soit égal à $Q+q$. Puisque les forces P, Q se font équilibre, les forces $Q+q$, Q, appliquées aux points A, B, se feront équilibre; donc les forces Q, Q, appliquées aux mêmes points, ne se feront pas équilibre, et le point A s'éloignera du point P (ax. 12). Mais le point A ne se mouvra point dans ce sens; car si $CA = CB$, il y aura équilibre (ax. 10); et si $CA > CB$, le point A se mouvra vers le point P (ax. 11); donc CA n'est ni égal à CB, ni plus grand que CB; donc CA est plus petit que CB. Donc, etc.

PROPOSITION IV.

Si deux forces parallèles P, Q *(fig. 4), appliquées aux points* A, B *d'une droite* A B, *mobile autour d'un de ses points* C, *se font équilibre; si l'on partage la force* P *en deux forces égales* R, S, *et si l'on applique les deux forces* R, S, *à des points* D, E *de la droite* D B, *également éloignés du point* A, *les trois forces* R, S, Q *se feront équilibre.*

Par le point A, menons une droite d e qui fasse un angle quelconque avec la droite DB; et faisons Ad égal à AD, et Ae égal à Ad.

Les forces R, S, appliquées aux points d, e, produiront sur le point A le même effet que leur résultante P (*ax.* 5) ; donc les trois forces R, S, Q se feront équilibre. Mais l'effet des forces R, S sur le point A, sera encore le même, lorsque la droite $d\,e$ coïncidera avec la droite DE, puisque le point E ne fera aucun effort pour se mouvoir, ni vers le point S, ni dans le sens contraire ; donc les trois forces R, S, Q, appliquées aux points D, E, B de la droite DB, mobile autour du point C, se feront équilibre.. Donc, etc.

COROLLAIRE.

Si la force P (*fig.* 4), étant partagée en trois forces égales R, S, T, les forces R, S étoient appliquées à égales distances du point A, et la force T au point A, il est évident que les forces R, T, S, Q, se feroient encore équilibre.

Si la force P (*fig.* 5), étant partagée en un nombre pair de forces égales R, S, T, V, ces forces étoient appliquées aux points D, E, F, G de la droite DB, de manière que AD égalât AE, et que AF égalât AG, il est encore évident que les forces R, S, T, V, Q, se feront toujours équilibre. Il en seroit de même si la force P, étant partagée en un nombre impair de forces égales R, S, T, V, X, ces forces étoient appliquées aux points D, E, F, G, A de la droite DB.

PROPOSITION V.

Si tant de forces égales et parallèles qu'on voudra, étant appliquées à différents points d'une droite , les distances des points d'application sont égales entre elles, et si cette droite est mobile autour d'un point , également éloigné des points d'application des forces extrêmes, ces forces se feront équilibre.

Que le nombre des forces soit pair, et que ces forces soient M, N, O, P, Q, R, S, T (*fig.* 6), que la force V soit égale à la somme des forces M, N, O, P, appliquées à la gauche du point I, et la force X égale à la somme des forces Q, R, S, T, appliquées à la droite de ce même point.

Cela posé, aux points K, L, milieux des distances AD, EH, appliquons les forces V, X; ces forces se feront équilibre, puisqu'elles sont égales, et que IK est égal à IL (*ax.* 9). Mais les forces M, N, O, P produisent le même effet sur le point K que la force V, et les forces Q, R, S, T, produisent le même effet sur le point L que la force X (4, *cor.*). Donc les forces M, N, O, P, Q, R, S, T, se font équilibre.

Que le nombre des forces soit impair, et que ces forces soient M, N, O, P, Q, R, S (*fig.* 7); que la force V soit égale à la somme des forces M, N, O, appliquées à la gauche du point I, et la force X égale à la somme des forces Q, R, S, appliquées à la droite de ce même point. Aux points B, E, milieux des distances AC, DF, appliquons les forces V, X; les forces V, X, se feront équilibre, puisqu'elles sont égales, et que IB est égal à IE (*ax.* 9); mais les forces M, N, O produisent le même effet sur le point B, que la force V, et les forces Q, R, S produisent le même effet sur le point E que la force X (4 *cor.*); donc les forces M, N, O, Q, R, S se font équilibre. Mais la force P, appliquée au point I, ne peut troubler leur équilibre; donc les forces M, N, O, P, Q, R, S se font équilibre; donc etc.

PROPOSITION VI.

Deux forces parallèles P, Q *(fig.* 8), *appliquées aux extrémités d'une droite* AB, *mobile autour d'un de ses points* C, *se font équilibre, lorsque ces forces sont réciproquement proportionnelles aux distances du point* C *aux points d'application, c'est-à-dire, lorsque* P : Q :: CB : CA.

Les forces P, Q, sont commensurables ou incommensurables; qu'elles soient d'abord commensurables.

Prolongeons AB de part et d'autre; faisons les droites BD, BE égales chacune à AC, et la droite AF égale à CB.

Puisque BD est égal à CA, la droite CB sera égale à AD, e par conséquent à AF; donc la droite DF sera double de la droite

CB; mais la droite DE est double de CA; donc les droites DF, DE sont doubles des droites CB, CA; mais $P : Q :: CB : CA$; donc $P : Q :: DF : DE$. Mais les forces P, Q sont commensurables; donc les droites DF, DE sont commensurables. Que a soit leur commune mesure; que $DF = m \times a$, et que $DE = n \times a$. Partageons la force P en m parties égales, et que p soit une de ces parties, on aura $P = m \times p$. Puisque $P : Q :: DF : DE$; que $P = m \times p$, $DF = m \times a$, et $DE = n \times a$, on aura $m \times p : Q :: m \times a : n \times a$; mais $m \times p : n \times p :: m \times a$; $n \times a$; donc $m \times p : Q :: m \times p : n \times p$; donc $Q = n \times p$.

Cela posé, puisque $P = m \times p$, et que $DF = m \times a$, si la droite DF est partagée en segmens égaux chacun à a, et la force P en forces égales chacune à p, le nombre des segmens égaux chacun à a et contenus dans DF sera égal au nombre des forces égales chacune à p et contenues dans P; donc si sur le milieu de chaque segment de DF, on applique une force égale à p, la somme des forces appliquées à la droite DF sera égale à la force P.

Puisque la force $Q = n \times p$, et que $DE = n \times a$, si la droite DE est partagée en segmens égaux chacun à a, et la force Q en forces égales chacune à p, le nombre des segmens égaux chacun à a, et contenus dans DE, sera égal au nombre des forces égales chacune à p et contenues dans la force Q. Donc si au milieu de chaque segment de DE, on applique une force égale à p, la somme des forces appliquées à la droite DE sera égale à la force Q. Puisque des forces égales et parallèles ont été appliquées à la droite FE, et que les distances des points d'application sont égales entr'elles, ces forces se feront équilibre, si la droite FE est mobile autour d'un de ses points également éloigné des points d'application des forces extrêmes (5); mais $FA = CB$, et $AC = BE$; donc $CF = CE$; donc le point C est également éloigné des points d'application des forces extrêmes. Donc les forces appliquées à la droite FE

mobile autour du point C se font équilibre (5); mais la force P produit le même effet sur le point A que la somme des forces appliquées à la droite FD, et la force Q produit le même effet sur le point B que la somme des forces appliquées sur la droite DE (4, *cor.*); donc les forces commensurables P, Q se font équilibre.

Que les forces P, Q soient incommensurables; je dis qu'elles se feront encore équilibre.

Si les forces P, Q ne se faisoient pas équilibre, ce seroit parce que l'une d'elles seroit trop grande pour que l'équilibre eût lieu; que ce soit la force P. De la force P retranchons une force p qui soit trop petite pour que l'équilibre ait lieu, mais qui soit telle que les forces $P - p$, Q soient commensurables, ce qui est possible (*lem.* 2). Puisque $P : Q :: CB : CA$, on aura $P - p : Q < CB : CA$; donc la droite CB est trop grande, pour que les quatre grandeurs $P - p$, Q, CB, CA, soient proportionnelles. Que $P - p : Q :: CD : CA$ (*fig.* 9); les forces $P - p$, Q, appliquées aux points A, D, se feront équilibre; donc les forces $P - p$, Q, étant appliquées aux points A, B, la force $P - p$ sera trop petite pour que l'équilibre ait lieu (*lem.* 5). Mais nous avons supposé que cette force étoit trop grande, ce qui est impossible; donc la force P n'est pas trop grande pour que l'équilibre ait lieu; donc l'une des forces P, Q n'est pas trop grande pour que l'équilibre ait lieu; donc il a lieu; donc les forces incommensurables P, Q se font équilibre; donc si deux forces P, Q, commensurables ou incommensurables, sont appliquées à une droite mobile autour d'un de ses points C, ces forces se feront équilibre, lorsqu'elles seront réciproquement proportionnelles aux distances du point C aux points d'application.

<h2 style="text-align:center">LEMME I.</h2>

Deux grandeurs inégales (*fig.* 10) étant données, on peut

trouver une troisième grandeur qui soit moindre que la plus petite des deux grandeurs données.

Que ces grandeurs soient représentées par les droites AB, C, et que AB soit plus grand que C; prenons un multiple de C qui soit plus grand que AB; que DE soit ce multiple, et que les parties de ce multiple soient EF, FG, GH, HD; retranchons de AB une partie BK égale à la moitié de AB; retranchons du reste KA une partie KL égale à la moitié de KA, et ainsi de suite, jusqu'à ce que le nombre des parties de AB soit égal au nombre des parties de DE; je dis que le dernier reste AM sera moindre que C.

En effet, puisque $DE > AB$, que $EF < \frac{1}{2}DE$, et que $BK = \frac{1}{2}AB$, on aura $FD > KA$.

Puisque $FD > KA$, que $FG < \frac{1}{2}FD$, et que $KL = \frac{1}{2}KA$, on aura $GD > LA$.

Enfin, puisque $GD > LA$, que $GH = HD$, et que $LM = MA$, on aura $HD > MA$. Mais $HD = C$; donc $MA < C$. On a donc trouvé une grandeur AM moindre que la plus petite des deux grandeurs données AB, C. donc etc.

Puisque AM mesure AL, et que AL est égal à LK, la droite AM mesure AK; mais AK est égal à BK; donc AM mesure AB. On peut donc partager une grandeur en parties égales entre elles, de manière que chacune de ces parties soit moindre qu'une grandeur proposée.

<h3 style="text-align:center">LEMME II.</h3>

Étant données deux forces incommensurables représentées par les droites AB, CD (*fig.* 11), et une troisième force représentée par la droite BE, partie de la droite AB, on peut trouver une quatrième force AF qui, étant plus grande que la force restante AE, et plus petite que la force entière AB, soit commensurable avec la force CD.

La droite BE peut être plus petite ou plus grande que CD, ou égale à CD.

Que $BE < CD$; cherchons une troisième droite moindre que BE (*lem.* 1); que cette droite soit CG; cette droite mesurera CD. Prenons un multiple de CG qui soit pour la première fois plus grand que AE; ce multiple sera plus petit que AB, puisque $CG < EB$; que AF soit ce multiple, les droites AF, CD, c'est-à-dire, les forces représentées par ces droites seront commensurables entr'elles, puisque la force représentée par CG est leur commune mesure.

Que $BE > CD$; prenons un multiple de CD qui soit pour la première fois plus grand que AE; ce multiple, qui peut être égal à CD, sera plus petit que AB; que AF soit ce multiple, les droites AF, CD, c'est-à-dire, les forces représentées par ces droites, seront commensurables, puisque la force représentée par CD est leur commune mesure.

Que $BE = CD$; partageons CD en deux parties égales au point H, et prenons un multiple de CH qui soit pour la première fois plus grand que AE; ce multiple sera plus petit que AB; que AF soit ce multiple; les droites AF, CD, c'est-à-dire, les forces représentées par ces droites, seront commensurables entr'elles. On a donc trouvé une force AF qui, étant plus grande que la force restante AE, et plus petite que la force AB, est commensurable avec la force CD. donc etc.

L E M M E III.

Si deux forces parallèles et commensurables P, Q (*fig.* 12) sont appliquées aux points A, B de la droite AB mobile autour d'un de ses points C, et si la raison de P à Q est moindre que la raison de CB à CA, la droite AB ne restera pas en repos, et le point B se mouvra vers la force Q.

Faisons ensorte que $CD : CA :: P : Q$, et que $R = Q$, les forces P, R, appliquées aux points A, D, se feront équilibre (6). Faisons CE égal à CD, et que la force S soit égale à la force R; les forces S, R, appliquées aux points E, D, se feront équilibre ($ax.$ 10); mais les forces S, Q ne se feront pas équilibre, et le point B se mouvra vers la force Q ($ax.$ 11); donc la force P qui fait équilibre à la force R ne fera pas équilibre à la force Q. Donc, etc. (*).

(*) La démonstration que je donne de ce théorème est la même que celle d'Archimède, mais plus développée. La partie de la démonstration d'Archimède qui regarde les forces incommensurables est tronquée et tout-à-fait inintelligible; j'ai rétabli cette partie dans toute son intégrité.

Comme ce théorème est le fondement de toute la mécanique, un très-grand nombre de géomètres ont tenté de le démontrer plus rigoureusement que le créateur de cette science; mais tous leurs efforts ont été inutiles, et la première démonstration, qui a été donnée du principe du levier, mérite encore la préférence sur toutes celles qu'on a voulu lui substituer.

Les géomètres qui se sont fait distinguer dans cette tentative, sont Maurolicus, célèbre commentateur d'Archimède, Galilée, Stevin, Huyghens et la Hire.

Les démonstrations des trois premiers sont fondées sur la théorie des centres de gravité, théorie qui ne peut s'établir d'une manière solide, qu'à l'aide de celle du levier, ainsi que l'a fait Archimède.

Au reste, les démonstrations de Maurolicus, de Galilée et de Stevin ne sont autre chose qu'un simple corollaire de la première proposition du deuxième livre de l'Équilibre des plans.

Quant aux démonstrations de Huyghens et de la Hire, quoiqu'elles soient bien loin de mériter la préférence sur celle d'Archimède, elles sont très-ingénieuses, et ne manquent pas de rigueur.

La première démonstration qu'on va lire n'est, à une lé-

PROPOSITION VII.

Si deux forces parallèles P , Q (fig. 5), *appliquées aux
points* A , B *de la droite* AB *mobile autour d'un de ses points*

---

gère modification près, que la démonstration d'Archimède,
qui commence le deuxième livre de l'Équilibre des Plans.

Les démonstrations de Huyghens et de la Hire étoient lon-
gues et embarrassées, et elles n'avoient point cette généralité
qui fait le principal mérite d'une démonstration. J'ai cherché à
les rendre plus simples et plus rigoureuses.

La démonstration de Maurolicus se trouve dans son Com-
mentaire d'Archimède ; celle de Galilée, dans ses Méca-
niques , traduites par le père Mersenne ; celle de Stevin , dans
ses Œuvres *in-folio ;* celle de Huyghens , dans le premier vo-
lume de ses *Opera varia ;* et celle de la Hire , dans son
Traité de Mécanique.

DÉMONSTRATION DU PRINCIPE DU LEVIER, SUIVANT LA
MANIÈRE DE MAUROLICUS, GALILÉE ET STEVIN.

Si deux poids inégaux P, Q (fig. 13), *suspendus aux points*
A , B *d'une droite* DE *mobile autour d'un point* C , *sont réciproquement proportionnels aux distances du point* C *aux
points de suspension, les poids* P , Q *se font équilibre* (*).

Faisons la droite AD égale à CB, et les droites BE , BF
égales chacune à AC. Puisque AC est égal à FB, la droite
AF sera égale à CB, et par conséquent à AD. Que la droite
DE soit l'axe d'un cylindre GH, dont le poids soit égal à P,
et achevons le cylindre GK. Puisque $P : Q :: CB : CA$, et
que $CB : CA :: DF : FE$, on aura $P : Q :: DF : FE$;

(*) On suppose, dans cette note, que les corps se meuvent, ou tendent à
se mouvoir perpendiculairement à un plan qu'on appelle horizon.

Le mot *poids* employé dans cette note est l'équivalent du mot *force*.

C, ne sont pas réciproquement proportionnelles aux distances du point C aux points d'application, ces deux forces ne se feront point équilibre.

---

mais $GH : LK :: DF : FE$; donc $P : Q :: GH : LK$. Mais le poids du cylindre GH est égal à P; donc le poids du cylindre LK est égal à Q.

Cela posé, puisque $DA = CB$, et que $BE = AC$, on aura $DC = CE$; donc le point C est le centre de gravité du cylindre GK. Mais les points A, B sont les centres de gravité des cylindres GH, LK, et les cylindres qui se font équilibre autour du point C, produisent les mêmes effets sur les points A, B de la droite DE mobile autour du point C, que s'ils étoient suspendus à ces points; donc le point C est le centre de l'équilibre des cylindres GH, LK suspendus aux points A, B; mais les poids P, Q sont égaux aux poids des cylindres GH, LK, chacun à chacun; donc les poids P, Q suspendus aux points A, B de la droite DE, mobile autour du point C, se font équilibre. Donc, etc.

DÉMONSTRATION DE L'ÉQUILIBRE DU LEVIER, SUIVANT LA MANIERE DE HUYGHENS.

1. *Si un poids* P (fig. 14) *est suspendu à un point* E *d'un plan horizontal* AB, *mobile autour d'une droite* CD, *ce poids aura plus de force pour faire pencher le plan* AB *du côté du point* E, *qu'il en auroit, s'il étoit plus près de la droite* CD.

Du point E menons sur CD la perpendiculaire EG; que le point F soit placé entre les points EH, faisons la droite H, G égale à HF, et aux points F, G suspendons deux poids égaux chacun au poids P.

Puisque $HF = HG$, et que $HE > HG$, il est évident que le poids suspendu en F fera équilibre au poids suspendu en G, et que le poids suspendu en E fera pencher le plan AB du côté du point E. Donc, etc.

Qu'elles se fassent équilibre; puisque les forces P, Q ne sont pas réciproquement proportionnelles aux droites CA, CB, on aura $P : Q > CB : CA$, ou bien $P : Q < CB : CA$.

2. *Si tant de poids* P, Q, R, S, T, V *qu'on voudra,* (fig. 15), *sont suspendus à différens points* H, K, L, M, N, O *d'un plan* AB *mobile autour d'une droite* CD *se font équilibre, le centre de l'équilibre sera sur la droite* CD.

Que cela ne soit point, et que le centre de l'équilibre soit hors de la droite CD, au point E, par exemple ; par le point E menons la droite FG parallèle à CD; des points H, K, L conduisons des perpendiculaires sur CD, et des points M, N, O, des perpendiculaires sur FG.

Puisque le point E est le centre de l'équilibre des points P, Q, R, S, T, V, le plan AB étant mobile autour de la droite FG, ces poids se feront équilibre ; mais ils ne se font pas équilibre, puisque toutes les distances des points de suspension étant diminuées d'un côté et augmentées de l'autre, les forces des poids suspendus d'un côté seront diminuées, tandis que les forces des poids suspendus de l'autre seront augmentées. Donc le centre de l'équilibre ne peut pas être hors de la droite CD; donc il est sur cette droite. Donc etc.

3. *Deux poids commensurables* P, Q (fig. 16), *suspendus aux points* A, B *de la droite* AB, *mobile autour d'un de ses points* C *se font équilibre, lorsque les poids* P, Q *sont réciproquement proportionnels aux distances* CA, CB.

Par les points A, B, conduisons les droites DE, FG perpendiculaires sur AB; faisons HB égal à CA; par les points C, H, menons les droites KF, GD qui fassent les angles BCF, AHD égaux chacun à un demi-droit; ces droites se couperont à angles droits ; par le point H menons la droite EL parallèle à KF; les droites AD, AE seront égales entr'elles, et égales chacune à la droite AH, et par conséquent

Que $P : Q > CB : CA$; faisons ensorte que $P - p : Q ::$ $CB : CA$; les forces $P - p$, Q, appliquées aux points A, B,

---

à la droite CB, parce que CA est égal à HB; les droites BL BG seront aussi égales entr'elles, et égales chacune à la droite BH, et par conséquent à la droite CA.

Puisque les poids P, Q sont commensurables, et que $P : Q$ $:: CB : CA$, les droites CB, CA seront commensurables; que la droite a soit leur commune mesure; que a soit contenu m fois dans CB, et n fois dans CA, on aura $CB = m \times a$, et $CA = n \times a$.

Puisque $P : Q :: CB : CA$, que $DE = 2CB$, et que $LG = 2CA$, on aura $P : Q :: DE : LG$; mais $CB = m$ $\times a$, et $CA = n \times a$; donc $DE = 2m \times a$, et $LG = 2n$ $\times a$; donc $P : Q :: 2m \times a : 2n \times a$. Que P soit partagé en $2m$ parties égales, et que chacune de ces deux parties soit égale à p, on aura $2m \times p : Q :: 2m \times a : 2n \times a$. Mais $2m \times p : 2n \times p :: 2m \times a : 2n \times a$; donc $2m \times p : Q ::$ $2m \times p : 2n \times p$; donc $Q = 2n \times p$.

Puisque $DE = 2m \times a$, et que $P = 2m \times p$, si l'on partage la droite DE en segmens égaux chacun à a, le poids P en poids égaux chacun à p, et si au milieu de chaque segment de DE, l'on suspend un poids égal à p, la somme des poids suspendus à la droite DE sera égale à P.

Puisque $LG = 2n \times a$, et que $Q = 2n \times p$, si l'on partage la droite LG en segmens égaux chacun à a, le poids Q en poids égaux chacun à p, et si au milieu de chaque segment de LG on suspend un poids égal à p, la somme des poids suspendus à la droite LG sera égale à Q.

Des milieux des segmens des droites DE, LG, menon des perpendiculaires sur la droite MF. Le nombre des perpendiculaires placées d'un des côtés de la droite FM sera éga au nombre des perpendiculaires placées de l'autre côté. En se feront équilibre (6); donc les forces P, Q ne se feront pas équilibre (*ax.* 12); mais elles se font équilibre; ce qui est

---

effet, les côtés égaux AH, CB étant adjacens à des angles égaux chacun à chacun, les triangles ADH, BFC seront égaux; donc $DA = FB$; mais $AK = BG$; donc $DK = FG = LG + FL$. Mais $FL = KE$; donc $DK = LG + KE$; donc le nombre des segmens égaux chacun à a qui sont contenuns dans DK, est égal au nombre des segmens égaux chacun à a, qui sont contenus dans $LG + KE$. Mais les perpendiculaires menées des milieux des segmens contenus dans DK sont placées d'un côté de la droite MF, et les perpendiculaires menées des milieux des segmens contenus dans $LG + KE$, sont placées de l'autre côté; donc le nombre des perpendiculaires placées d'un des côtés de la droite MF est égal au nombre des perpendiculaires placées de l'autre côté de cette droite.

Je dis à présent que les perpendiculaires menées des droites DK, LG, à égales distances des points K, F, sont égales entr'elles, ainsi que les perpendiculaires menées de la droite KE, à égales distances du point K. En effet, que KN soit égal à FO, les côtés égaux KN, FO étant adjacens à des angles égaux chacun à chacun, les triangles KNS, FOR seront égaux; donc la perpendiculaire NS sera égale à la perpendiculaire OR. Que KX soit égal à KV; on démontrera de la même manière que la perpendiculaire XT est égale à la perpendiculaire VY.

Cela posé, que le plan qui passe par les droites DE, FG soit mobile autour de la droite MF. Puisque les poids égaux suspendus aux milieux des segmens des droites DE, LG sont en même nombre de chaque côté de la droite FM, et que leurs distances à la droite MF sont égales deux à deux, le centre de l'équilibre sera dans la droite MF. Que le même plan soit mobile autour de la droite AB; le centre de l'équilibre de tous ces poids sera, par la même raison, dans la droite AB. Mais impossible; donc les forces P, Q ne se font pas équilibre, lorsque $P : Q > CB : CA$.

---

nous avons démontré qu'il est aussi dans la droite MF; donc le point C est le centre de l'équilibre des poids suspendus aux droites DE, LG. Mais les poids suspendus à la droite DE produisent le même effet sur le point A de la droite AB mobile autour du point C, que le poids P, qui est égal à leur somme, et les poids suspendus à la droite LG produisent le même effet sur le point B de la droite AB, que le poids Q, qui est égal à leur somme; donc les poids P, Q, suspendus aux points A, B de la droite AB, mobile autour d'un de ses points C se font équilibre; donc, etc.

DÉMONSTRATION DU PRINCIPE DU LEVIER, SUIVANT LA MANIERE DE LA HIRE.

1. *Si deux poids* P, 2P *(fig. 17) sont suspendus aux points* A, B *d'une droite mobile autour d'un de ses points* C, *et si* CB : CA :: 1 : 2, *les poids* P, 2P *se feront équilibre.*

Faisons CD égal à CB; au point D suspendons le poids 2P, et au point C, le poids P. Les poids suspendus aux points D, B se feront équilibre (*ax.* 10); Mais les poids suspendus aux points A, C produisent le même effet sur le point D, que le poids qui lui est suspendu, puisque le point D est le centre de l'équilibre des poids suspendus aux points A, C (*ax.* 5); donc les poids suspendus aux points A, C, B de la droite AB, mobile autour du point C, se font équilibre; mais le poids suspendu au point C peut se supprimer, sans troubler l'équilibre; donc les poids suspendus aux points A, B se font équilibre. Donc, etc

2. *Si deux poids* P, 3P *(fig. 18) sont suspendus aux points* A, B *de la droite* AB, *mobile autour d'un de ses points* C, *et si* CB : CA :: 1 : 3, *les poids* P, 3P, *suspendus aux points* A, B, *se feront équilibre.*

Faisons CD égal à CB; au point D suspendons le poids

Que $P : Q < CB : CA$; faisons en sorte que $P + p : Q$ :: $CB : CA$; les forces $P + p$, Q, appliquées aux points

$3P$, et au point C le poids $2P$; les poids suspendus aux points D, B se feront équilibre (*ax.* 10); mais les poids suspendus aux points A, C, produisent le même effet sur le point D que le poids qui lui est suspendu, puisque le point D est le centre de l'équilibre des poids suspendus aux points A, C (*prop. préc.*); donc les poids suspendus aux points A, C, B de la droite AB, mobile autour du point C, se font équilibre; mais on peut supprimer le poids suspendu au point C, sans troubler l'équilibre; donc les poids P, $3P$, suspendus aux points A, B, se font équilibre; donc, etc.

3. *Si deux poids* P, 4P, *suspendus aux points* A, B *d'une droite* AB, *mobile autour d'un de ses points* C, *et si* CB : CA :: 1 : 4, *les poids* P, 4P *se feront équilibre.*

Cette proposition se démontre de la même manière que la précédente. Il en seroit de même, si l'un des poids étant P, l'autre devenoit $5P$, $6P$, $7P$, etc., pourvu que l'on eût $P : 5P$ :: $CB : CA$, $P : 6P$ :: $CB : CA$, etc.

4. *Si deux poids commensurables* P, Q (fig. 19) *sont suspendus aux points* A, B *de la droite* AB, *mobile autour d'un de ses points* C, *et si* P : Q :: CB : CA, *les deux poids* P, Q *se feront équilibre.*

Soient les poids commensurables P, Q; que p soit leur commune mesure, que $P = m \times p$, et $Q = n \times p$. Partageons CB en m parties égales, et que a soit une de ces parties; on aura $CB = m \times a$. Mais $P : Q :: CB : CA$; donc $m \times p : n \times p :: m \times a : CA$; mais $m \times p : n \times p :: m \times a : n \times a$; donc $m \times a : n \times a :: m \times a : CA$; donc $CA = n \times a$.

Que $CD = a$; suspendons au point D un poids S qui soit égal à $n \times m \times p$; les poids P, S suspendus aux points A, D de la droite AD mobile autour du point C se feront équilibre; en effet, puisque $m \times p : n \times m \times p :: a : n \times a :: CD : CA$, les poids $m \times p$, $n \times m \times p$ suspendus aux points $D \times A$

A, B, se feront équilibre (6) ; donc les forces P, Q ne se feront pas équilibre (ax. 12) ; mais elles se font équilibre, ce

se feront équilibre (*prop. préc.*) ; mais $m \times p = P$, et $n \times m \times p = S$; donc les poids P, S se font équilibre.

Suspendons au point C un poids R qui soit égal au poids $(m - 1) \times n \times p$; les poids Q, R suspendus aux points B, C de la droite CB, mobile autour du point D, se feront équilibre. En effet, puisque $n \times p : (m - 1) \times n \times p :: a : (m - 1) \times a$, $:: DC : DB$, les poids $n \times p$, $(m - 1) \times n \times p$, suspendus aux points $C \times B$, se feront équilibre (*prop. préc.*) ; mais $n \times p = Q$, $(m - 1) \times n \times p = R$, $a = CD$, et $(m - 1) \times a = DB$; donc les poids Q, R se font équilibre. Mais $(m - 1) \times n \times p$, conjointement avec $n \times p$ est égal à $n \times m \times p$; donc $R + Q = S$, puisque $(m - 1) \times n \times p = R$, que $n \times p = Q$, et que $n \times m \times p = S$; donc les poids R, Q, suspendus aux points C, B, produisent le même effet sur le point D que le poids S (ax. 5). Mais les poids P, S suspendus aux points A, D de la droite AD, mobile autour du point C se font équilibre ; Donc les poids P, R, Q suspendus aux points A, C, B, se font équilibre ; mais le poids suspendu au point C peut se supprimer, sans troubler l'équilibre ; donc les poids P, Q suspendus aux points A, B se font équilibre. Donc, etc.

5. *Si le poids* P (fig. 20) *suspendu au point* A *de la droite* AB, *mobile autour d'un de ses points* C *fait équilibre au poids* Q *suspendu au point* B, *le poids* P *suspendu à un point* D *placé entre les points* A, C, *ne fera plus équilibre au poids* Q.

Que le poids P suspendu au poids D fasse équilibre au poids Q ; aux points A, C, de la droite AB mobile autour du point D, suspendons deux poids R, S, de manière que ces poids se fassent équilibre, et produisent sur le point D le même effet que le poids P suspendu à ce point.

Puisque les poids R, S produisent le même effet sur le point D que le poids P suspendu à ce point, les poids R, S, Q

qui est impossible ; donc les forces P, Q ne se font pas équi-libre, lorsque $P : Q < CB : CA$. Donc, etc.

---

suspendus aux points A, C, B de la droite AB mobile autour du point C se feront équilibre ; mais on peut supprimer le poids S, sans troubler l'équilibre ; donc le poids R suspendu au point A équilibre au poids Q ; mais le poids P suspendu au point A fera fait aussi équilibre au poids Q ; donc $R = P$; mais les poids R, S, suspendus aux points A, C, produisent le même effet sur le point D que le poids P suspendu à ce point ; donc $R + S = P$; donc $R < P$; donc le poids R ne fait pas équilibre au poids Q ; mais nous avons démontré que le poids R feroit équilibre au poids Q ; ce qui est impossible. Donc, etc.

6. *Si deux poids incommensurables* P, Q *(fig. 21) sont suspendus à deux points* A, B *d'une droite* AB, *mobile autour d'un de ses points* C, *et si les poids* P, Q *sont réciproquement proportionnels aux distances* CA, CB, *les poids* P, Q *se feront équilibre.*

Si l'équilibre n'a pas lieu, c'est parce que l'un des poids est trop grand ; que ce soit le poids P ; au poids Q ajoutons un poids S, de manière que les poids P, $Q + S$ se fassent équilibre. Partageons le poids P en parties égales, mais assez petites pour qu'on puisse avoir un multiple d'une de ces parties qui soit plus grand que Q, et plus petit que $Q + S$. Que p soit une de ces parties ; que $m \times p = P$, que $n \times p > Q$, et que $n \times p < Q + S$.

Partageons la droite CB en m parties égales ; que chacune de ces parties soit égale à a ; on aura $CB = m \times a$; prenons une droite égale à $n \times a$; cette droite sera plus grande que CA. En effet, puisque $P : Q :: CB : CA$, que $P = m \times p$, que $Q < n \times p$, et que $CB = m \times a$, on aura $m \times p : n \times p < m \times a : CA$; mais $m \times p : n \times p :: m \times a : n \times a$; donc $m \times a : n \times a < m \times a : CA$; donc $n \times a > CA$. Que $n \times a = CD$; au point D suspendons le poids P, et au point B le poids $n \times p$. Puisque $m \times p : n \times p :: m \times a : n \times a :: CB : CD$,

COROLLAIRE I.

Il suit évidemment de-là que si les forces P, Q se font équilibre, ces forces sont réciproquement proportionnelles aux distances du point C aux points d'application des forces P, Q.

COROLLAIRE II.

Puisque $P : Q :: CB : CA$, lorsque l'équilibre a lieu, et que $P + Q : Q :: AB : CA$, $P + Q : P :: AB : CB$, il est évident que lorsque l'équilibre a lieu, la somme des forces P, Q est à une de ces forces comme la distance des points d'application est à la distance du point C à l'autre force. Donc si l'on connois-soit AB, P, Q, il est évident que l'on trouverait le centre des l'équilibre des forces P, Q, par le moyen des propositions suivantes : $P + Q : Q :: AB : CA$, $P + Q : P :: AB : CB$. Si l'on connoissoit les distances du point C aux points d'applica-tion A, B, et la somme des forces P, Q, il est évident que l'on trouveroit chacune de ces forces par le moyen de ces mêmes proportions.

---

les poids $m \times p$, $n \times p$ suspendus aux points D, B se feront équilibre (*prop. préc.*); mais $P = m \times p$; donc le poids P suspendu en D fera équilibre au poids $n \times p$ sus--pendu en B. Mais $n \times Pp < Q + S$; donc le poids P suspendu en D sera trop petit pour faire équilibre au poids $Q + S$. Au poids P ajoutons un poids R, de manière que le poids $P + R$, suspendu en D fasse équilibre au poids $Q + S$. Le poids $P + R$, suspendu en A, sera trop petit pour faire équilibre au poids $Q + S$ suspendu en B; mais le poids P, plus petit que le poids $P + R$, étant suspendu en A, fait équilibre au poids $Q + S$ suspendu en B; ce qui est impossible. Donc le poids P suspendu en A n'est pas trop grand pour faire équi-libre au poids Q suspendu en B; donc l'un des poids suspendus aux points A, B, n'est pas trop grand pour faire équilibre à l'autre. Donc ils se font équilibre ; donc, etc.

PROPOSITION VIII.

Si deux forces parallèles P, Q (fig. 22), *appliquées aux points* A, B *de la droite* AB, *mobile autour du point* C, *se font équilibre, et si au point* C, *on applique une force* S *égale à la somme des forces* P, Q, *ayant sa direction parallèle à celle de ces forces, et agissant dans le sens contraire, la force* S *fera équilibre aux forces* P, Q.

Appliquons au point *C* une force *R* égale et directement opposée à la force *S* ; la force *S* fera équilibre à la force *R* (*ax.* 1). Mais la force *R* produit sur le point *C* le même effet que les forces *P*, Q (*ax.* 5); donc la force *S* fait équilibre aux forces *P*, *Q*. Donc, etc.

COROLLAIRE.

Les trois forces *S*, *P*, *Q* se faisant équilibre, il est évident que si le point *A* devient immobile, les deux forces *S*, *Q* se feront équilibre; il suit évidemment de là que si deux forces inégales, parallèles et contraires sont appliquées aux points *C*, *B* de la droite *AB*, l'on trouvera leur centre d'équilibre *A*, de la même manière que l'on détermine le point d'application de la force *P*, lorsque l'on connoît la somme des forces *P*, *Q*, la force *Q*, et la droite *CB* (7, *cor.* 2).

PROPOSITION IX.

Si deux forces S, Q (fig. 22), *parallèles, égales et contraires, sont appliquées aux points* C, B, *il est impossible de leur faire équilibre par le moyen d'une troisième force* P, *dont la direction seroit parallèle à celle des forces* S, Q.

Que cela soit possible; et supposons que la force *P* fasse équilibre aux forces *S*, *Q*. Puisque la force *P* fait équilibre aux forces *S*, *Q*, la force *S* fera équilibre aux forces *P*, *Q* ; donc le point *C* sera le centre de l'équilibre des forces *P*, *Q*.

Appliquons au point *C* une force *R* directement opposée à la force *S*, et égale à la somme des forces *P*, *Q*. Puisque la force *S* fait equilibre aux forces *P*, *Q*, la force *S* fera équilibre à la force R, qui produit sur le point C le même effet que les forces P, Q (*ax.* 5); donc les forces S, R, inégales et directement opposées se feront équilibre, ce qui est impossible (*ax.* 4); donc la force P ne fait pas équilibre aux forces S, Q; donc, etc.

PROPOSITION X.

Trouver le centre de l'équilibre et la résultante des forces parallèles P, Q, R, S, T (fig. 23), *appliquées aux points* A, B, C, D, E *de la droite* AE, *et agissant dans le même sens.*

Cherchons un point F qui soit le centre de l'équilibre des forces P, Q (7, *cor.* 2), et au point F appliquons une force V égale à la somme des forces P, Q.

Cherchons un point G qui soit le centre de l'équilibre des forces V, R, et au point G appliquons une force X égale à la somme des forces V, R.

Cherchons un point H qui soit le centre de l'équilibre des forces X, S, et appliquons au point H une force Y qui soit égale à la somme des forces X, S.

Cherchons enfin un point K qui soit le centre de l'équilibre des forces Y, T, et au point K appliquons une force Z qui soit égale à la somme des forces Y, T; ce point sera le centre de l'équilibre des forces P, Q, R, S, T, et la force Z leur résultante.

En effet, puisque le point F est le centre de l'équilibre des forces P, Q, et que les forces P, Q produisent sur le point F le même effet que la force V (*ax.* 5), la force V est la résultante des deux forces P, Q.

Puisque le point G est le centre de l'équilibre des forces V, R, et que les forces P, Q produisent le même effet sur le point F que la force V (*ax.* 5), le point G est le centre de l'équilibre des trois forces P, Q, R, et la force X leur résultante.

Puisque le point H est le centre de l'équilibre des forces X, S, et que les forces P, Q, R produisent le même effet sur le point G que la force X, le point H est le centre de l'équilibre des quatre forces P, Q, R, S, et la force Y leur résultante.

Puisque le point K est le centre de l'équilibre des forces Y, T, et que les forces P, Q, R, S produisent le même effet sur le point H sur la force Y, le point K est le centre de l'équilibre des forces P, Q, R, S, et la force Z leur résultante.

PROPOSITION XI.

Trouver le centre de l'équilibre et la résultante des forces parallèles P, Q, R, S *(fig. 24), appliquées aux points* A, B, C, D, E, *et agissant dans le même sens ; les points d'application étant ou n'étant pas dans un même plan.*

Joignons AB, cherchons un point E qui soit le centre de l'équilibre des forces P, Q ; et au point E appliquons une force T égale à la somme des forces P, Q.

Joignons EC, et cherchons un point F qui soit le centre de l'équilibre des forces T, R, et au point F appliquons une force V égale à la somme des forces T, R.

Joignons D, F, et cherchons un point G qui soit le centre de l'équilibre des forces V, S ; et au point G appliquons une force X égale à la somme des forces V, Q ; ce point sera le centre de l'équilibre des forces P, Q, R, S, et la force X leur résultante.

En effet, puisque le point E est le centre de l'équilibre des forces P, Q, et que les forces P, Q, produisent le même effet sur le point E que la force T (ax. 5), la force T sera la résultante des forces P, Q.

Puisque le point F est le centre de l'équilibre des forces T, R, et que les forces P, Q produisent le même effet sur le point F que la force T, le point F est le centre de l'équilibre des trois forces P, Q, R, et la force V leur résultante.

Puisque le point G est le centre de l'équilibre des forces V, S, et que les forces P, Q, R produisent le même effet sur le point F que la force V, le point G est le centre de l'équilibre des forces P, Q, R, S, et la force X leur résultante.

COROLLAIRE I.

Si les directions des forces P, Q, R, S (*fig.* 24), sans cesser d'être parallèles, étoient dirigées autrement, il est évident que le centre de l'équilibre seroit toujours le même point.

COROLLAIRE II.

Si parmi les forces P, Q, R, S, les unes agissoient dans un sens, et les autres dans le sens contraire, on détermineroit d'abord le centre de l'équilibre, et la résultante des forces qui agissent dans un sens, et ensuite le centre de l'équilibre, et la résultante des forces qui agissent dans le sens contraire.

Si ces résultantes particulières étoient appliquées à un même point, ce point seroit le centre de l'équilibre des forces P. Q, R, S, et la différence de ces deux résultantes seroit la résultante générale de ces mêmes forces; cette dernière résultante étant directement opposée à la plus petite des résultantes particulières (*ax.* 4); mais si les deux résultantes particulières étoient égales, leur point d'application seroit le centre de l'équilibre des forces P, Q, R, S, et la résultante générale de ces mêmes forces seroit nulle.

Si les résultantes particulières n'étoient pas appliquées au même point, et si elles étoient inégales, on détermineroit leur centre d'équilibre et leur résultante comme dans le corollaire de la proposition 8, et le deuxième corollaire de la proposition 7, et le centre d'équilibre, et la résultante des deux résultantes particulières seroient le centre de l'équilibre et la résultante générale des forces P, Q, R, S. Cette dernière résultante qui seroit appliquée au centre de l'équilibre, auroit sa direction parallèle à celles des forces P, Q, R, S, et son action seroit contraire à celle de la plus petite des résultantes particulières.

Enfin, si les résultantes particulières étoient égales, et si elles n'étoient pas appliquées au même point, il n'existeroit aucun point qui fût le centre de l'équilibre des forces P, Q, R, S, et ces forces n'auroient point de résultante (9).

COROLLAIRE III.

Si au centre de l'équilibre des forces P, Q, R, S (*fig.* 24), on appliquoit une force égale à la résultante, ayant sa direction parallèle à celle des forces P, Q, R, S, et agissant en sens contraire de la résultante des forces P, Q, R, S, il est évident que cette force feroit équilibre aux forces P, Q, R, S.

Tout ce que nous avons exposé dans ces trois corollaires, auroit encore lieu, si les points d'application A, B, C, D étoient en ligne droite.

PROPOSITION XII.

Si deux forces P, Q (fig. 25), *dont les directions concourent en un point* D, *sont appliquées aux extrémités d'une droite* AB, *mobile autour d'un de ses points* C, *et si les forces* P, Q, *sont réciproquement proportionnelles aux perpendiculaires* CE, CF, *menées du point* C *sur leurs directions, ces forces se feront équilibre.*

Prolongeons EC, et faisons CG égal à CF; par le point G menons la droite GR parallèle à DP; au point G appliquons une force R égale à Q, et supposons les points E, F, G invariablement attachés à la droite AB.

Puisque $P : Q :: CF : CE$, que R est égal à Q, et que CG est égal à CF, on aura $P : R :: CG : CE$; donc la droite EG étant mobile autour du point C, les forces P, R, appliquées aux points E, G, se feront équilibre (6); donc ces mêmes forces appliquées aux points E, F, se feront encore équilibre (*ax.* 13); mais R est égal à Q; donc les forces P, Q, appliquées aux points E, F, et par conséquent aux points A, B de la droite AB, mobile autour du point C, se font équilibre (*ax.* 6). Donc, etc.

COROLLAIRE.

Il suit évidemment de - là, et de la proposition 7, que les forces P, Q ne se feront pas équilibre, si elles ne sont pas réciproquement proportionnelles aux droites CE, CF; et que les forces P, Q seront réciproquement proportionnelles aux droites CE, CF, si elles se font équilibre.

PROPOSITION XIII.

Si deux forces P, Q (fig. 26), *dont les directions concourent en un point* D, *sont appliquées aux extrémités d'une droite* AB, *mobile autour d'un de ses points* C, *et si les forces* P, Q *sont réciproquement proportionnelles aux distances* CA, CB, *ces forces se font équilibre, lorsque les angles* DAB, DBA *sont égaux.*

Menons les droites CE, CF perpendiculaires sur les directions des forces P, Q. Puisque l'angle DBA est égal à l'angle DAB, et que les angles CFB, CEA sont droits, les triangles CBF, CAE sont semblables; donc $CB : CA :: CF : CE$; mais $P : Q :: CB : CA$; donc $P : Q :: CF : CE$; donc les forces P, Q, appliquées aux points E, F, se font équilibre (12); donc ces mêmes forces appliquées aux points A, B se font encore équilibre (*ax.* 6); donc, etc.

PROPOSITION XIV.

Si deux forces P, Q (fig. 27) *dont les directions concourent en un point* D, *sont appliquées aux extrémités d'une droite* AB *mobile autour d'un de ses points* C, *et si les forces* P, Q *sont réciproquement proportionnelles aux distances* CA, CB *ces forces ne se font pas équilibre, lorsque les angles* DAB, DBA *ne sont pas égaux.*

Puisque les angles DAB, DBA ne sont pas égaux, l'un d'eux sera plus grand que l'autre; que ce soit l'angle DBA. Menons les droites CE, CF, perpendiculaires sur les directions des forces P, Q; l'angle ACE sera plus grand que l'angle BCF; faisons l'angle ECG égal à l'angle FCB; les deux triangles CBF, CGE seront semblables; donc $CB : CG :: CF : CE$; mais CG est plus petit que CA, puisque l'angle CGA est plus grand que l'angle CAG; donc $CB : CA <$

$CF : CE$; mais $P : Q :: CB : CA$; donc $P : Q < CF : CE$; donc les forces P, Q ne se font pas équilibre (12 , cor.); donc, etc.

PROPOSITION XV.

Si deux forces P, Q (fig. 28), *dont les directions concourent en un point* D, *sont appliquées aux extrémités d'une droite* A B *mobile autour d'un de ses points* C, *et si ces forces se font équilibre, elles seront entr'elles comme les côtés* DG, DH *du parallélogramme* DGCH.

Menons les droites CE, CF perpendiculaires sur les directions des forces P, Q; les angles CHF, CGE seront égaux; mais les angles CFH, CEG sont droits; donc les triangles CFH, CEG sont semblables; donc $CF : CE :: CH : CG :: DG : DH$. Mais $P : Q :: CF : CE$, puisque les forces P, Q se font équilibre (7, cor. 1); donc $P : Q :: DG : DH$; donc, etc.

PROPOSITION XVI.

Si deux forces P, Q (fig. 28), *dont les directions concourent en un point* D, *sont appliquées aux extrémités d'une droite* A B, *mobile autour d'un de ses points* C, *et si ces forces se font équilibre, la direction de la résultante de ces deux forces sera dirigée suivant la diagonale* DC *du parallélogramme* DGCH.

Menons les droites CE, CF perpendiculaires sur les directions des forces P, Q; dans la droite SR qui passe par les points C, D, prenons un point quelconque c; par ce point conduisons une droite qui coupe les directions des forces P, Q, et menons les droites ce, cf, perpendiculaires sur les directions des forces P, Q.

Puisque les droites CF, CE sont parallèles aux droites cf, ce, on aura $CF : CE :: cf : ce$; mais $P : Q :: CF : CE$, puisque les forces P, Q se font équilibre (7, cor 1); donc $P : Q :: cf : ce$; donc les forces P, Q, appliquées aux points a, b, de la droite ab, mobile autour du point c, se feront équilibre (12); donc la droite ab, et par conséquent la droite AB restera en repos, par la seule résistance du point c. Mais la droite AB reste en repos, par la seule résistance du point C; donc par la résistance successive des points C, c, la droite AB reste en repos; donc la direction de la résultante des deux forces P, Q passe par les points C, c (*ax.* 8). Donc la résultante des forces P, Q est dirigée suivant la diagonale DC du parallélogramme $DGCH$. Donc, etc.

COROLLAIRE I.

Il suit évidemment de là que la résultante de deux forces P, Q est comprise dans l'angle PDQ; qu'elle le partage en deux parties égales, lorsque les forces P, Q sont égales, et en deux parties inégales, lorsque ces mêmes forces sont inégales.

COROLLAIRE II.

Puisque par la résistance d'un seul point de la droite SR, la droite AB reste en repos, si au point D on applique une force S égale et directement opposée à la résultante R des forces P, Q, il est évident que les trois forces P, Q, S se feront équilibre ; et que les forces P, Q, S se feront encore équilibre si les forces P, Q, au lieu d'être appliquées aux points A, B, le sont au point D (*ax.* 6); donc pour faire équilibre à deux forces obliques P, Q, qui concourent en un point D, il faut appliquer à ce point une force S qui soit égale, et directement opposée à la résultante des deux forces P, Q.

PROPOSITION XVII.

La résultante de deux forces obliques AQ (fig. 29), *qui concourent au point* A, *ne peut avoir qu'une seule direction.*

Supposons que la résultante des forces P, Q puisse avoir plusieurs directions.

Sur les directions des forces P, Q, construisons le parallélogramme $ABCD$, dont les côtés AB, AD représentent les forces P, Q, et menons la droite RS; cette droite sera une des directions de la résultante S des forces P, Q (16). Au point A, appliquons une force R égale et directement opposée à la résultante S des forces P, Q; la force R fera équilibre aux forces P, Q (16, *cor.* 2).

Cela posé, supposons que la droite AT soit une autre direction de la résultante T des forces P, Q, cette droite étant ou n'étant pas dans le plan de l'angle PAQ. Puisque la force R fait équilibre aux forces P, Q, et que les forces P, Q produisent le même effet sur le point A que la force T, la force R fera équilibre à la force T; donc les forces R, T sont égales, et directement opposées (*ax.* 2); donc la ligne RAT est une ligne droite; mais au contraire la ligne RAT est une ligne brisée, ce qui est impossible; donc la résultante des forces P, Q ne peut pas avoir plusieurs directions. Donc, etc.

PROPOSITION XVIII.

Si trois forces P, Q, R (*fig.* 29), *appliquées à un même point* A, *se font équilibre, ces trois forces sont dans un même plan, et le prolongement de la direction de l'une d'elles est compris dans l'angle formé par la direction des deux autres.*

Que la droite AS soit la direction de la résultante des forces P, Q, et S la résultante de ces deux forces. Puisque la force R fait équilibre aux deux forces P, Q, et que ces deux forces produisent le même effet sur le point A que la force S (*déf.* 5), les deux forces S, R, appliquées au point A, se feront équilibre; donc les forces R, S sont égales et directement opposées (*ax.* 2); donc la ligne RAS est une ligne droite; mais la partie AS est dans le plan de l'angle PAQ; donc l'autre partie AR est aussi dans ce plan; donc les directions des trois forces P, Q, R sont dans un même plan. Mais la droite AS est comprise dans l'angle PAQ (16, *cor.* 1); donc le prolongement de la direction de la force R est compris dans l'angle formé par la direction des deux autres forces P, Q. Donc etc.

PROPOSITION XIX.

Si trois forces P, Q, R (fig. 3o), *appliquées à un point* A, *se font équilibre, et si par un point* D *du prolongement d'une de ces forces, on mène les droites* DB×DC *parallèles aux directions des forces* P, Q, *les trois forces* P, Q, R *sont proportionnelles aux droites* AB, AC, AD.

Par le point D menons les droites DG, DH perpendiculaires sur les directions des forces P, Q; par ce même point conduisons une droite qui coupe les directions des forces P, Q aux points E, F, et supposons que les forces P, Q, R soient appliquées aux points E, F, D.

Puisque les trois forces P, Q, R appliquées au point A se font équilibre, ces mêmes forces appliquées aux points E, F, D se feront équilibre ($ax.$ 6); donc les forces P, Q appliquées aux points E, F de la droite EF mobile autour du point D se feront équilibre; donc $P : Q :: DH : DG$ (12, $cor.$); mais $DH : DG :: DC : DB :: AB : AC$; donc $P : Q :: AB : AC$; donc $P : AB :: Q : AC$.

Prolongeons la direction de la force Q; par le point B menons la droite BK parallèle à la direction de la force R, et la doite KI parallèle à la direction de la force P; du même point K conduisons les droites KN, KO perpendiculaires sur les directions des forces P, R; par ce même point menons une droite qui coupe les directions des forces P, R aux points L, M, et supposons que les forces P, R, Q soient appliquées aux points L, M, K.

Puisque les trois forces P, R, Q appliquées aux points L, M, K se font équilibre ($ax.$ 6), les forces P, R appliquées aux points L, M de la droite LM mobile autour du point K se feront équilibre; donc $P : R :: KO : KN$ (12, $cor.$). Mais $KO : KN :: KI : KB :: AB : AD$; donc $P : R :: AB : AD$; donc $P : AB :: R : AD$. Mais $P : AB :: Q : AC$; donc $P : AB :: Q : AC :: R : AD$; donc, etc.

COROLLAIRE.

Il suit évidemment de là, que si les forces P, Q sont représentées en grandeur et en direction par les côtés AB, AC du parallélogramme $ABDC$, la résultante S des deux forces P, Q sera représentée en grandeur et en direction par la diagonale AD de ce même parallélogramme.

PROPOSITION XX.

Si trois forces P, Q, R *(fig. 31) appliquées à un point* A *se font équilibre, la force* P *est au sinus de l'angle formé par les directions des deux autres forces, comme la force* Q *est au sinus de l'angle formé par les directions des deux autres forces, et comme la force* R *est au sinus de l'angle formé par les directions des deux autres forces, c'est-à-dire, que* P : sin. RAQ :: Q : sin. RAP :: R : sin. PAQ.

Prolongeons la direction de la force R, et par le point D de son prolongement, menons les droites DC, DB, parallèles aux directions des forces P, Q.

Puisque $P : Q :: AB : AC :: AB : BD$ (19), et que $AB : BD ::$ sin. $ADB :$ sin. $BAD ::$ sin. $RAQ :$ sin. RAP, on aura $P : Q ::$ sin. $RAQ :$ sin. RAP; donc $P :$ sin. $RAQ :: Q :$ sin. RAP. De plus, puisque $P : R :: AB : AD$, et que $AB : AD ::$ sin. $ADB :$ sin. $ABD ::$ sin. $RAQ :$ sin. PAQ, on aura $P : R ::$ sin. $RAQ :$ sin. PAQ; donc $P :$ sin. $RAQ :: R :$ sin. PAQ; mais $P :$ sin. $RAQ :: Q :$ sin. RAP; donc $P :$ sin. $RAQ :: Q :$ sin. $RAP ::$ sin. $R :$ sin. PAQ; donc, etc.

PROPOSITION XXI.

Décomposer une force R *(fig. 32) représentée par la droite* A D, *en deux autres forces* P, Q, *dont les directions fassent avec la droite* AD *des angles égaux à des angles donnés* M, N.

Faisons les angles RAP, RAQ égaux aux angles donnés M, N, et par le point D menons les droites DB, DC parallèles aux droites AQ, AP.

La force R sera décomposée en deux autres forces P, Q représentées par les côtés AB, AC du parallélogramme $ABDC$ (19, *cor.*).

PROPOSITION XXII.

Déterminer la résultante de tant de forces qu'on voudra P, Q, R, S (fig. 33), *dont les directions placées, ou non placées dans un même plan concourent en un même point* A.

Que les forces P, Q, R, S soient représentées par les droites AB, AC, AD, AE. Par les points B, C menons les droites BF, CF parallèles aux directions des forces Q, P, et menons la droite AT; la résultante T des deux forces P, Q sera représentée en grandeur et en direction par la droite AF (19, *cor.*).

Par les points F, D, menons les droites FG, DG parallèles aux directions des forces R, T, et menons la droite AV; la résultante V des deux forces T, R sera représentée en grandeur et en direction par la droite AG.

Par les points G, E, menons les droites GH, EH parallèles aux directions des forces S, V, et menons la droite AX; la résultante X des deux forces V, S sera représentée en grandeur et en direction par la droite AH.

En effet, puisque la résultante T des deux forces P, Q est représentée en grandeur et en direction par la droite AF, et que la résultante V des deux forces T, R est représentée en grandeur et en direction par la droite AG, la résultante des trois forces P, Q, R sera représentée en grandeur et en direction par la droite AG. De plus, puisque la résultante X des deux forces V, S est représentée en grandeur et en direction par la droite AH, et que la résultante V des trois forces P, Q, R est représentée en grandeur et en direction par la droite AG, la résultante des quatre forces P, Q, R, S sera représentée en grandeur et en direction par la droite AH.

PROPOSITION XXIII.

Déterminer la résultante de tant de forces qu'on voudra P, Q, R, S (fig. 34), *dont les directions, placées dans le même plan, ne concourent pas au même point, et dont les grandeurs et les directions sont représentées par les droites* PA, QB, RC, SD.

Que la direction de la force P rencontre au point E la direction de la force Q; faisons EF égal à AP, et EG égal à BQ; conduisons les droites FH, GH parallèles aux directions des forces Q, P, et par les points E, H menons la droite ET; la résultante T des deux forces PQ sera représentée en grandeur et en direction par la droite EH (19, *cor.*).

Que la direction de la force T rencontre au point I la direction de la force R; faisons IK égal à EH, et IL égal à CR; conduisons les droites KM, LM parallèles aux directions des forces R, T, et par les points I, M menons la droite IV; la résultante V des forces T, R sera représentée en grandeur et en direction par la droite IM.

Que la direction de la force V rencontre au point N la direction de la force S; faisons NX égal à IM, et NO égal à DS; conduisons les droites XY, OY parallèles aux directions des forces S, V, et par les points N, Y, menons la droite NZ; la résultante Z des forces V, S sera représentée en grandeur et en direction par la droite NY.

En effet, puisque la résultante T des deux forces P, Q est représentée en grandeur et en direction par la droite EH, et que la résultante V des deux forces T, R est représentée par la droite IM, la résultante V des trois forces P, Q, R sera représentée en grandeur et en direction par la droite IM.

Puisque la résultante V des trois forces P, Q, R est représentée en grandeur et en direction par la droite IM, et que la résultante Z des deux forces V, S est représentée par la droite NY, la résultante des quatre forces P, Q, R, S sera représentée en grandeur et en direction par la droite NY.

COROLLAIRE.

Il pourroit arriver que la direction de l'une des forces fût parallèle à la direction de la résultante de toutes les autres , et que ces deux dernières forces agissent en sens contraire ; dans ce cas , voyez ce que nous avons dit dans le second corollaire de la proposition 11.

PROPOSITION XXIV.

Si trois forces P, Q, R *(fig. 35) appliquées à un point* A *sont représentées , en grandeur et en direction , par les côtés* AB, AC, AD *d'un parallélepipède* GC, *la résultante de ces trois forces sera représentée en grandeur et en direction par la diagonale* AF *de ce parallélepipède.*

Par les points A, E menons la droite AS, la résultante S des forces P, Q sera représentée en grandeur et en direction par la diagonale AE du parallélogramme BC (19, *cor.*).

Joignons DF ; la résultante T des deux forces R, S sera représentée en grandeur et en direction par la diagonale AF du parallélogramme $ADFE$; mais la résultante S des deux forces P, Q est représentée en grandeur et en direction par la diagonale AE du parallélogramme BC ; donc la résultante T des trois forces P, Q, R est représentée en grandeur et en direction par la diagonale AF du parallélogramme $ADFE$; c'est-à-dire par la diagonale du parallélepipède GC, donc, etc.

COROLLAIRE.

Si le parallélepipède GC étoit rectangle, on auroit, à cause du triangle rectangle ADF, $\overline{AF}^2 = \overline{AD}^2 + \overline{DF}^2 = \overline{AD}^2 + \overline{AE}^2$; mais $\overline{AE}^2 = \overline{AB}^2 + \overline{BE}^2 = \overline{AB}^2 + \overline{AC}^2$; donc $\overline{AF}^2 = \overline{AB}^2 + \overline{AC}^2 + \overline{AD}^2$; donc $T^2 = P^2 + Q^2 + R^2$.

PROPOSITION XXV.

Décomposer une force T *(fig. 35) représentée par la droite* AF *en trois autres* P, Q, R, *dirigées suivant les arrêtes d'un angle solide.*

Par le point F conduisons trois plans FB, FC, FD parallèles aux plans RAQ, PAR, PAQ; les intersections de ces plans parallèles deux à deux formeront le parallélepipède GC, et la force R sera décomposée en trois autres forces P, Q, R, représentées en grandeur et en direction par les droites AB, AC, AD.

PROPOSITION XXVI.

Si deux forces parallèles P, Q *(fig. 36), appliquées aux points* A, B *de la droite* DB, *mobile autour du point* C, *se font équilibre, et si les directions des forces* P, Q *sont perpendiculaires sur* DB, *les moments des forces* P, Q, *par rapport au point* C, *seront égaux ;*

Le moment de la résultante R, *par rapport au point* A, *sera égal au moment de la force* Q;

Le moment de la résultante R, *par rapport à un point* D, *pris sur le prolongement de* BA, *sera égal à la somme des moments des forces* P, Q;

Et enfin le moment de la résultante R, *par rapport à un point* E, *placé entre les points* A, C, *sera égal à l'excès du moment de la force* Q *sur le moment de la force* P.

En effet, puisque les forces P, Q se font équilibre, on aura $P : Q :: CB : CA$ (7, cor. 1.); donc $P \times CA = Q \times BC$. Donc les moments des forces P, Q, par rapport au point C sont égaux.

Puisque $P : Q :: CB : CA$, on aura $P + Q : Q :: CB + CA : CA$, c'est-à-dire, $R : Q :: BA : CA$; donc $R \times CA = Q \times BA$; donc le moment de la résultante R, par rapport au point A, est égal au moment de la force Q.

Puisque $R \times CA = Q \times BA$, on aura, en ajoutant $R \times AD$

de part et d'autre, $R \times CA + R \times AD = Q \times AB + R \times AD$;
c'est-à-dire $R \times CD = Q \times AB + Q \times AD + P \times AD$,
c'est-à-dire $R \times CD = P \times AD + Q \times BD$; donc le moment
de la résultante R, par rapport au point D, est égal à la somme
des moments des forces P, Q.

Puisque $R \times CA = Q \times BA$, on aura, en retranchant
$R \times AE$ de part et d'autre, $R \times CA - R \times AE = Q \times BA$
$- R \times AE = Q \times BA - Q \times AE - P \times AE$, c'est-à-dire,
$R \times CE = Q \times BE - P \times AE$; donc le moment de la résultante R, par rapport au point E, est égal à l'excès du moment
de la force Q sur le moment de la force P. Donc, etc.

COROLLAIRE I.

Tout ce que nous venons de dire des moments des forces
R, P, Q, par rapport aux points A, D, E, auroit également lieu, par rapport à des droites ou des plans conduits par
les points A, D, E, perpendiculairement à la droite DB.

COROLLAIRE II.

Il est évident que le point C est placé du côté du point E
où se trouve la force qui a le plus grand moment.

COROLLAIRE III.

Puisque la différence des moments des forces P, Q, par
rapport à un point E, placé entre les points A, C, ou entre
les points C, B, diminue à mesure que le point E s'approche
du point C, et que les moments des forces P, Q, par rapport
au point C, sont égaux, il est évident que le moment de la
résultante des forces P, Q, par rapport au point C, est nul.

COROLLAIRE IV.

Puisque $R \times AC = Q \times BA$, que $R \times CD = P \times AD +$
$Q \times BD$, et que $R \times EC = Q \times BE - P \times AE$, on aura
$$AC = \frac{Q \times BA}{P + Q}, \quad CD = \frac{P \times AD + Q \times BD}{P + Q}, \quad \text{et } EC =$$
$$\frac{Q \times BE - P \times AE}{P \times Q};$$

Donc, à l'aide des moments, on peut déterminer le point d'application de la résultante des forces P, Q.

PROPOSITION XXVII.

Si deux forces parallèles P, Q (fig. 37), *appliquées aux points* A, B *de la droite* AB *mobile autour du point* C *se font équilibre, si par le point* C *on mène une droite quelconque* DE, *et si par les points d'application* A, B, *on mène les droites* AD, BE, *perpendiculaires sur* DE, *les moments des forces* P, Q, *par rapport à la droite* DE, *seront égaux.*

En effet, les triangles CAD, CBE étant semblables, on aura $CB:CA::BE:AD$; mais $P:Q::CB:CA$ (7, cor. 1); donc $P:Q::BE:AD$; donc $P \times AD = Q \times BE$. Donc, etc.

PROPOSITION XXVIII.

Si deux forces parallèles P, Q (fig. 38), *appliquées aux points* A, B *de la droite* AB *mobile autour du point* C *se font équilibre, et si par le point* A, *on mène une droite quelconque* AD, *le moment de la résultante* R, *par rapport à cette droite, sera égal au moment de la force* Q.

Des points C, B, menons les droites CE, BD perpendiculaires sur AD. Puisque $P:Q::CB:CA$ (7, cor. 1), on aura $P+Q:Q::CB+CA:CA$, c'est-à-dire $R:Q::AB:CA$; mais à cause des triangles semblables ABD, ACE, $BD:CE::AB:CA$; donc $R:Q::BD:CE$; donc $R \times CE = Q \times BD$. Donc, etc.

COROLLAIRE.

Puisque $R \times CE = Q \times BD$, on aura $CE = \dfrac{Q \times BD}{R} = \dfrac{Q \times BD}{P+Q}$; donc si dans le plan de l'angle BAD, et à une distance de AB égale à $\dfrac{Q \times BD}{P+Q}$, on mène une droite parallèle à AD, le point où cette parallèle coupera la droite AB, sera le point d'application de la résultante R.

PROPOSITION XXIX.

Si deux forces parallèles P, Q (fig. 39), *appliquées aux points* A, B *de la droite* AB *mobile autour du point* C, *se font équilibre, et si par un point* D *pris sur le prolongement de* BA, *on mène une droite quelconque* DE, *le moment de la résultante* R *par rapport à cette droite, sera égale à la somme des moments des forces* P, Q.

Des points A, C, B, menons les droites AF, CG, BE, perpendiculaires sur DE, et du point A, la droite AK parallèle à DE.

Puisque les trois droites AF, HG, KE sont égales, on aura $(P+Q) \times HG = Q \times KE + P \times AF$, c'est-à-dire, $R \times HG = Q \times KE + P \times AF$; mais $R \times CH = Q \times BK$ (28); donc $R \times HG + R \times CH = Q \times KE + P \times AF + Q \times BK$, c'est-à-dire, $R \times CG = Q \times BE + P \times AF$. Donc, etc.

COROLLAIRE.

Puisque $R \times CG = Q \times BE + P \times AF$, on aura $CG = \dfrac{Q \times BE + P \times AF}{P+Q}$; donc si dans le plan de l'angle BDE, et à une distance de DE égale à $\dfrac{Q \times BE + P \times AF}{P+Q}$, on mène une droite parallèle à DE, le point où cette parallèle coupera la droite DB, sera le point d'application de la résultante.

PROPOSITION XXX.

Si deux forces parallèles P, Q (fig. 40), *appliquées aux points* A, B *de la droite* AB, *mobile autour du point* C, *se font équilibre, et si par un point* D *placé entre les points* A, C, *on mène une droite quelconque* EF, *le moment de la résultante* R *sera égal à l'excès du moment de la force* Q *sur le moment de la force* P.

Par le point C, menons la droite HK parallèle à EF, et par

les points A, C, B, les droites AH, CG, BF perpendicu-
laïres sur EF.

Puisque les droites HE, CG, KF, sont égales, on aura
$(P+Q)\times CG = P\times HE + Q\times KF$, c'est-à-dire, $R\times CG$
$= P\times AH - P\times AE + Q\times KF$; mais $P\times AH = Q\times$
BK (28); donc $R\times CG = Q\times BK - P\times AE + Q\times KF$,
c'est-à-dire, $R\times CG = Q\times BF - P\times AE$. Donc, etc.

COROLLAIRE I.

Il suit évidemment de là que le point C est placé du côté
du point D où se trouve la force qui a le plus grand moment.

COROLLAIRE II.

Puisque la différence des moments des forces P, Q, par
rapport à un point D placé entre les points A, C, ou entre les
points C, B, diminue, à mesure que le point D s'approche
du point C, et que les moments des forces P, Q sont égaux
par rapport au point C (26), il est évident que le moment de
la résultante R est nul, lorsque la droite EF passe par le
point C.

COROLLAIRE III.

Puisque $R\times CG = Q\times BF - P\times AE$, on aura $CG =$
$$\frac{Q\times BF - P\times AE}{R} = \frac{Q\times BF - P\times AE}{P+Q};$$ donc si dans le
plan des droites AB, EF, à une distance de EF égale à
$$\frac{Q\times BF - P\times AE}{P+Q},$$ et entre les points D, B, on mène une
droite parallèle à EF, le point où cette droite coupera la
droite AB sera le point d'application de la résultante X des
forces P, Q.

PROPOSITION XXXI.

Si deux forces parallèles P, Q *(fig. 41), appliquées aux
points* A, B *de la droite* AB, *mobile autour du point* C,
se font équilibre, et si l'on mène une droite DE *parallèle à*

la droite A B, *le moment de la résultante* R, *par rapport à la droite* D E, *sera égal à la somme des moments des forces* P. Q.

Des points *C*, *A*, *B* menons les droites *CF*, *AD*, *BE*, perpendiculaires sur *DE* ; puisque les droites *CF*, *AD*, *BE* sont égales entre elles, on aura $(P+Q) \times CF = P \times AD + Q \times BE$, c'est-à-dire, $R \times CF = P \times AD + Q \times BE$; donc, etc.

PROPOSITION XXXII.

Si deux forces parallèles P, Q (fig. 40), *appliquées aux points* A, B *de la droite* A.B, *mobile autour du point* C, *se font équilibre, et si l'on conduit un plan* MN *parallèle ou perpendiculaire à la direction des forces* P, Q, *le moment de la résultante* R *par rapport au plan* MN, *sera égal au moment de la force* Q, *lorsque ce plan passera par le point* A.

Le moment de la résultante R *sera égal à la somme des moments des forces* P, Q, *lorsque le plan* MN *coupera le prolongement de la droite* AB.

Le moment de la résultante R *sera égal à l'excès du moment de la force* Q *sur le moment de la force* P, *lorsque le plan* MN *passera entre le point* C *et le point* A.

Le moment de la résultante R *sera égal à la somme des forces* P, Q, *lorsque le plan* MN *sera parallèle à la droite* AB.

Enfin le moment de la résultante R *sera nul, lorsque le plan* MN *passera par le point* C.

Cette proposition est une suite des propositions 28, 29, 30, 31. En effet, si le plan *MN* (*fig.* 38), parallèle ou perpendiculaire à la direction des forces *P*, *Q* passe par le point *A*, la droite qui joindra les pieds des perpendiculaires menées des points *C*, *B*, passera par le point *A*, comme dans la proposition 28.

Si le plan *MN* (*fig.* 39) coupe le prolongement de la droite

AB en un point *D*, la droite qui joindra les pieds des perpendiculaires menées des points *A*, *C*, *B* sur le plan *MN*, passera par le point *D*, comme dans la proposition 29.

Si le plan *MN* (*fig.* 40) coupe la droite *CA* en un point *D*, la droite qui joindra les pieds des perpendiculaires menées des points *A*, *C*, *B*, sur le plan *MN*, passera par le point *D*, comme dans la proposition 30.

Si le plan *MN* (*fig.* 41) est parallèle à la droite *AB*, la droite qui joindra les pieds des perpendiculaires menées des points *A*, *C*, *B* sur le plan *MN*, sera parallèle à la droite *AB*, comme dans la proposition 31.

Enfin, si le plan *MN* (*fig.* 38) passe par le point *C*, la droite qui joindra les pieds des perpendiculaires menées des points *A*, *B* sur le plan *MN*, passera par le point *C*, comme dans le second corollaire de la proposition 30; donc, etc.

PROPOSITION XXXIII.

Si tant de forces parallèles P, Q, R, S (fig. 42, 43) *qu'on voudra, sont appliquées aux points* A, B, C, D *de la droite* M D, *et si les directions de ces forces sont perpendiculaires sur cette droite, le moment de la résultante des forces* P, Q, R, S (fig. 42), *par rapport à un point* F *pris dans cette droite, est égale à la somme des moments de ces forces, lorsque les points d'application sont placés du même côté de ce point; et lorsque les points d'application* A, B, C, D (fig. 43) *sont placés de part et d'autre du point* F, *le moment de la résultante est égal à l'excès des moments des forces dont les points d'application sont placés d'un côté de ce point sur la somme des moments des forces dont les points d'application sont placés de l'autre côté.*

Que les points d'application soient placés du même côté d'un point *F* (*fig.* 42), pris dans la droite *MD*; que *T* soit la résultante des forces *P*, *Q*, et *G* son point d'application; que *V* soit la résultante des forces *T*, *R*, et *H* son point d'application; que X soit la résultante des forces V, S, et K son point d'application; la force X sera la résultante des forces P, Q, R, S (10).

Cela posé, on aura $T \times GF = P \times AF + Q \times BF$, $V \times HF = T \times GF + R \times CF = P \times AF + Q \times BF + R \times CF$, $X \times KF = V \times HF + S \times DF = P \times AF + Q \times BF + R \times CF + S \times DF$ (29); donc le moment de la résultante X des forces P, Q, R, S est égale à la somme des moments de ces mêmes forces.

Que les points d'application soient de différents côtés du point F (fig. 43); que T soit la résultante des deux forces P, Q, et G son point d'application; que V soit la résultante des forces R, S, et H son point d'application; que X soit la résultante des forces T, V, et R son point d'application; la force X sera la résultante des forces P, Q, R, S (10).

Cela posé, on aura $T \times GF = P \times AF + Q \times BF$, et $V \times HF = R \times CF + S \times DF$ (29). Mais $X \times KF = V \times HF - T \times GF$ (30); donc $X \times KF = R \times CF + S \times DF - P \times AF - B \times QF$; donc le moment de la résultante des forces P, Q, R, S est égal à l'excès de la somme des moments des forces R, S sur la somme des moments des forces P, Q; donc, etc.

COROLLAIRE I.

Il est évident que, lorsque les points d'application sont de différents côtés du point F, le point d'application de la résultante générale est placé du côté du point F où se trouve celle des deux résultantes particulières T, V, qui a le plus grand moment.

COROLLAIRE II.

Puisque $X \times KF = P \times AF + Q \times BF + R \times CF + S \times DF$ (fig. 42), on aura
$$KF = \frac{P \times AF + Q \times BF + R \times CF + S \times DF}{R}$$
$$= \frac{P \times AF + Q \times BF + R \times CF + S + DF}{P + Q + R + S};$$
donc si l'on fait KF égal à
$$\frac{P \times AF + Q \times BF + R + CF + S \times DF}{P + Q + R + S},$$
il est

évident que le point K sera le point d'application de la résultante générale des forces P, Q, R, S.

De plus, puisque $X \times KF = R \times CF + S \times DF - P \times AF - Q \times BF$ (fig. 43), on aura . . . .

$$KF = \frac{R \times CF + S \times DF - P \times AF - Q \times BF}{P + Q + R + S}.$$

Il est encore évident que si l'on fait KF égal à . . . . ;

$$\frac{R \times CF + S \times DF - P \times AF - Q \times BF}{P + Q + R \times S},$$

le point K sera le point d'application de la résultante générale des forces P, Q, R, S.

COROLLAIRE III.

Si les directions des forces P, Q, R, S étoient obliques à MD, on trouveroit le point d'application de leur résultante, de la même manière que dans le corollaire précédent; puisque ce point seroit encore le même, si les directions des forces P, Q, R, S cessant d'être obliques à MD, lui devenoient perpendiculaires (11, cor. 1).

PROPOSITION XXXIV.

Si tant de forces parallèles P, Q, R, S (fig. 44, 45) *qu'on voudra, sont appliquées aux points* A, B, C, D, *le moment de leur résultante* T, *par rapport à un plan* MN, *parallèle ou perpendiculaire aux directions des forces* P, Q, R, S, *est égal à la somme des moments de ces forces, lorsque les points d'application sont placés du même côté du plan* MN, *et lorsque les points d'application sont placés de part et d'autre de ce plan, le moment de leur résultante* T *est égal à l'excès de la somme des moments des forces dont les points d'application sont placés d'un côté de ce même plan sur la somme des moments des forces dont les points d'application sont placés de l'autre côté.*

Que le plan MN (*fig.* 44) soit parallèle aux directions des forces P, Q, R, S, et que les points d'applications A, B, C, D soient du même côté de ce plan.

Joignons AB; que T soit la résultante des forces P, Q, et E son point d'application; joignons EC; que V soit la résultante des forces T, R, et F son point d'application; joignons FD; que X soit la résultante des forces V, S, et G son point d'application; la force X sera la résultante des forces P, Q, R, S (11).

Des points A, B, C, D, E, F, G, menons les droites Aa, Bb, Cc, Dd, Ee, Ff, Gg, perpendiculaires sur le plan MN. On aura $T \times Ee = P \times Aa + Q \times Bb$; $V \times Ff = T \times Ee + R \times Cc = P \times Aa + Q \times Bb + R \times Cc$; $X \times Gg = V \times Ff + S \times Dd = P \times Aa + Q \times Bb + R \times Cc + S \times Dd$ (52); donc le moment de la résultante X des forces P, Q, R, S est égal à la somme des moments de ces mêmes forces.

Que le plan $M'N'$ soit perpendiculaire aux directions des forces P, Q, R, S; que les points d'application soient du même côté du plan $M'N'$, et que les droites Aa', Bb', Cc', Dd', Ee', Ff', Gg', soient les distances des points d'application A, B, C, D, E, F, G au plan $M'N'$. On démontrera de la même manière que $X \times Gg' = P \times Aa' + Q \times Bb' + R \times Cc' + S \times Dd'$.

Que le plan MN (*fig.* 45) soit parallèle à la direction des forces P, Q, R, S, et que les points d'application soient placés de part et d'autre du plan MN; joignons AB, CD; que T soit la résultante des forces A, B, et E son point d'application; que V soit la résultante des forces C, D, et F son point d'application; joignons EF, et que X soit la résultante des forces E, F, et G son point d'application; la force X sera la résultante générale des forces P, Q, R, S (11).

Des points A, B, C, D, E, F, G, menons les droites Aa, Bb, Cc, Dd, Ee, Ff, Gg, perpendiculaires sur le plan MN; puisque le point G est le centre de l'équilibre des forces parallèles T, V, on aura $X \times Gg = V \times Ff - T \times Ee$ (52). Mais $V \times Ff = R \times Cc + S \times Dd$, et $T \times Ee = P \times$

$Aa + Q \times Bb$; donc $X \times Gg = R \times Cc + S \times Dd - P \times Aa - Q \times Bb$; donc le moment de la résultante X des forces P, Q, R, S est égal à l'excès de la somme des moments des forces dont les points d'application sont placés d'un côté du plan MN sur la somme des moments des forces dont les points d'application sont placés de l'autre côté.

Que le plan MN (*fig.* 46) soit perpendiculaire sur les directions des forces P, Q, R, S; que les points d'application A, B soient placés d'un côté de ce plan; que les points d'application C, D soient placés de l'autre côté, et que Aa, Bb, Cc, Dd, Ee, Ff, Gg, soient les distances des points A, B, C, D, E, F, G au plan MN.

On démontrera de la même manière que $X \times Gg = R \times Cc + S \times Dd - P \times Aa - Q \times Bb$; donc, etc.

COROLLAIRE I.

Il est évident que lorsque les points d'application ne sont pas du même côté du plan MN, le point d'application de la résultante générale est du côté de ce plan où se trouve celle des deux résultantes particulières qui a le plus grand moment.

COROLLAIRE II.

Puisque l'on a $X \times Gg = P \times Aa + Q \times Bb + R \times Cc + S \times Dd$ (*fig.* 44), la distance Gg du point d'application G de la résultante générale au plan MN, sera égale à . . . . .

$$\frac{P \times Aa + Q \times Bb + R \times Cc + S \times Dd}{X}, \text{ c'est-à-dire, à}$$

$$\frac{P \times Aa + Q \times Bb + R \times Cc + S \times Dd}{P + Q + R + S};$$ donc si du côté des points A, B, C, D, et à une distance du plan MN égale à

$$\frac{P \times Aa + Q \times Bb + R \times Cc + S \times Dd}{P + Q + R + S},$$ on mène un second plan parallèle au plan MN, le second plan contiendra la direction de la résultante des forces P, Q, R, S.

Puisqu'on a $R \times Gg = R \times Cc \times S \times Dd - P \times Aa - Q \times Bb$ (*fig.* 45), la distance Gg du point d'application G de la résultante générale au plan MN, sera égale à . . . .

$$\frac{R \times Cc + S \times Dd - P \times Aa - Q \times Bb}{P + Q + R + S}$$; donc si du côté du plan MN où se trouvent les points C, D, et à une distance de ce plan égale à $$\frac{P \times Aa + Q \times Bb - R \times Cc - S \times Dd}{P + Q + R + S},$$ on conduit un second plan parallèle au plan MN, ce second plan contiendra la direction de la résultante générale.

Puisque l'on a $X \times Gg' = P \times Aa' + Q \times Bb' + R \times Cc' + S \times Dd'$ (*fig.* 44), la distance Gg' du point d'application de la résultante générale au plan $M'N'$ sera égale à . . . . .

$$\frac{P \times Aa' + Q \times Bb' \times R \times Cc' + S \times Dd'}{P + Q + R + S}$$; donc si du côté des points d'application et à une distance du plan $M'N'$ égale à $$\frac{P \times Aa' + P \times Bb' + R \times Cc' + S \times Dd'}{P + Q + R + S},$$ on conduit un plan parallèle à $M'N'$, ce second plan contiendra le point d'application de la résultante générale.

Puisque $X \times Gg = R \times Cc + S \times Dd - P \times Aa - Q \times Bb$ (*fig.* 46); on aura $$Gg = \frac{R \times Cc + S \times Dd - P \times Aa - Q \times Bb}{P + Q + R + S};$$ donc si du côté du plan MN où se trouvent les points C, D, et à une distance de MN égale à $$\frac{R \times Cc + S \times Dd - P \times Aa - P \times Bb}{P + Q + R + S},$$ on conduit un plan parallèle au plan MN, ce plan contiendra le point d'application de la résultante des forces P, Q, R, S.

PROPOSITION XXXV.

Étant données tant de forces parallèles P, Q, R, S (fig. 47) *qu'on voudra, et leurs points d'application* A, B, C, D, *déterminer, à l'aide des moments, le point d'application de leur résultante.*

Par une droite quelconque AB, parallèle aux directions des forces P, Q, R, S, conduisons deux plans quelconques AC, AD, qui soient perpendiculaires l'un sur l'autre, et par un point quelconque C, conduisons un plan CD perpendiculaire aux directions de ces mêmes forces.

Cela posé, conduisons deux plans EF, GH, parallèles aux plans AC, AD, de manière que chacun de ces deux plans contienne la direction de la résultante générale (34, cor. 2.); l'intersection KL de ces deux plans sera la direction de la résultante générale. Conduisons enfin un plan MN parallèle au plan CD, de manière que ce plan contienne le point d'application de la résultante générale (34, cor. 2). Puisque le point d'application de la résultante générale est dans la droite KL, et dans le plan MN, le point O, où le plan MN coupe la droite KL, sera le point d'application de la résultante des forces P, Q, R, S, et la droite KL, la direction de cette résultante.

COROLLAIRE I.

Si les forces P, Q, R, S (*fig.* 48) avaient leurs points d'applications, et leurs directions dans un même plan, on mèneroit dans ce plan une droite LM parallèle aux directions des forces P, Q, R, S, et une autre droite MN perpendiculaire aux directions de ces mêmes forces; on mèneroit ensuite une droite AB parallèle à LM, de manière que la droite AB contînt la direction de la résultante générale; on mèneroit enfin une droite CD parallèle à MN, de manière que la droite CD contînt le point d'application de cette même résultante (34, cor. 2); il est évident que le point E, intersection des deux droites AB, CD, seroit le point d'application de la résultante des forces P, Q, R, S, et la droite AB la direction de la résultante de ces mêmes forces.

COROLLAIRE II.

Si les forces P, Q, R, S avoient leurs points d'application dans un même plan, et si leurs directions étoient obliques à ce plan, on mèneroit dans ce plan deux droites LM, MN, perpendiculaires l'un sur l'autre; et ensuite, par les points d'application, et dans le plan MN, on conduiroit des droites parallèles à la droite LM, et l'on trouveroit le point d'application de la résultante générale, comme dans le corollaire précédent.

Cela est évident, puisque le point d'application des forces P, Q, R, S sera toujours le même, quelles que soient les positions des directions de ces forces, pourvu que leurs directions soient toujours parallèles entr'elles (11 , *cor.* 1).

COROLLAIRE III.

Enfin, si les point d'application A, B, C, D (*fig.* 42, 43) des forces P, Q, R, S étoient dans une même droite MD, l'on trouveroit le point d'application, de la même manière que dans le corollaire 2, ou le corollaire 3 de la proposition 33.

PROPOSITION XXXVI.

Si deux forces obliques P, Q (fig. 49) concourent en un point A, *et si par un point quelconque* C *de la direction de leur résultante* R, *on mène les droites* CB, CD *perpendiculaires sur les directions des forces* P, Q, *les moments des forces* P, Q *seront égaux.*

En effet, puisque les forces P, Q se font équilibre, par la seule résistance du point C, on aura $P : Q :: CD : CB$ (12 , *cor.*); donc $P \times CB = Q \times CD$. Donc, etc.

PROPOSITION XXXVII.

Si les directions de deux forces obliques P, Q (fig. 5o) *concourent en un point* A, *le moment de la force* Q, *par rapport à un point quelconque* B *de la direction de l'autre force* P, *est égal au moment de leur résultante* R.

Par le point B menons les droites BC, BD perpendiculaires sur les droites AR, AQ, et la droite BE parallèle à AQ; et par le point E, menons la droite EF parallèle à AP.

Puisque les triangles ABE, AEF sont égaux, on aura $AF \times BD = AE \times BC$; donc $AF : AE :: BC : BD$; mais $Q : R ::$ $AF : AE$ (19); donc $Q : R :: BC : BD$; donc $Q \times BD = R \times BC$; donc, etc.

PROPOSITION XXXVIII.

Si les directions des deux forces P, Q *(fig. 51, 52) concourent en un point* A, *le moment de la résultante* R *de ces deux forces, par rapport à un point* B *placé dans le plan de ces mêmes forces, est égal à la somme, ou à la différence des moments des forces* P, Q, *selon que le point* B *est en dehors, ou en dedans de l'angle* PAQ.

Par le point B (*fig.* 51), menons les droites BC, BD, BE perpendiculaires sur les droites AR, AP, AQ, et les droites BF, HF parallèles à la droite AQ; par le point F, menons la droite FG parallèle à AP, et joignons AB.

Cela posé, puisque dans la figure 51, le triangle ABF est égal à la somme des triangles AGF, ABH, on aura $AF \times BC = AG \times BE + AH \times BD$; mais les droites AF, AG, AH, représentent les forces R, Q, P (19, *cor.*); donc $R \times BC = Q \times BE + P \times BD$.

Dans la figure 52, le triangle ABF est égal à l'excès du triangle AGF sur le triangle ABH; donc $AF \times BC = AG \times BE - AH \times BD$; mais les droites AF, AG, AH représentent les forces R, Q, P (19, *cor.*); donc $R \times BC = Q \times BE - P \times BD$; donc, etc.

COROLLAIRE.

La droite AB étant mobile autour du point B, il est évident que dans la figure 51, les forces P, Q, tendent à faire tourner le point A dans le même sens, et que dans la figure 52, ces mêmes forces tendent à faire tourner ce point dans des sens opposés. Donc le moment de la résultante R des forces P, Q, par rapport à un point quelconque pris dans le plan de leurs directions, est égal à la somme des momens des forces P, Q, ou à la différence de ces mêmes sommes, selon que les forces P, Q tendent à faire tourner leur point d'application dans le même sens, ou dans des sens opposés.

Il est encore évident que lorsque le point B est placé dans l'angle PAQ, la résultante R tend à faire tourner le point A dans le même sens que la force qui a le plus grand moment.

PROPOSITION XXXIX.

Si les forces obliques P, Q, R, S (fig. 53), *dirigées dans le même plan et appliquées aux points* a, b, c, d, *tendent à faire tourner ces points dans le même sens, autour d'un point* A *pris dans le plan de ces forces, le moment de la résultante des forces* P, Q, R, S, *est égal à la somme des momens de ces mêmes forces.*

Que T soit la résultante des forces P, Q; V la résultante des forces T, R, et X la résultante des forces V, S; V sera la résultante des trois forces P, Q, R; et X la résultante des quatre forces P, Q, R, S. Du point A menons les droites AB, AC, AD, AE, AF, AG, AH, perpendiculaires sur les directions des forces P, Q, R, S, T, V, X.

Cela posé, on aura $T \times AF = P \times AB + Q \times AC$; $V \times AG = T \times AF + R \times AD = P \times AB + Q \times AC + R \times AD$; et enfin $X \times AH = V \times AG + S \times AE = P \times AB + Q \times AC + R \times AD + S \times AE$ (38, *cor.*); donc le moment de la résultante des forces P, Q, R, S est égal à la somme des momens de ces mêmes forces; donc, etc.

PROPOSITION XL.

Si les forces obliques P, Q, R, S (fig. 51), *dirigées dans le même plan, et appliquées aux points* a, b, c, d, *tendent à faire tourner ces points dans des sens opposés, autour d'un point* A *pris dans le plan de ces forces, le moment de la résultante des forces* P, Q, R, S *sera égal à l'excès de la somme des momens des forces qui tendent à faire tourner dans un sens sur la somme des moments de celles qui tendent à faire tourner dans le sens opposé.*

Que T soit la résultante de toutes les forces P, Q qui tendent à faire tourner dans un sens, V celle de toutes les forces R, S qui tendent à faire tourner dans le sens opposé, et que X soit la résultante des forces V, T; la force X sera la résultante de toutes les forces P, Q, R, S. Du point A menons les droites AB, AC, AD, AE perpendiculaires sur les directions des forces P, Q, R, S, et les droites AF, AG, AH, perpendiculaires sur les directions des résultantes T, V, X.

Cela posé, on aura $T \times AF = P \times AB + Q \times AC$, et $V \times AG = R \times AD + S \times AE$. Mais $X \times AH = T \times AF - V \times AG$ (38, cor.). Donc $X \times AH = P \times AB + Q \times AC - R \times AD - S \times AE$. Donc le moment de la résultante des forces P, Q, R, S, est égal à l'excès de la somme des moments des forces qui tendent à faire tourner dans un sens sur la somme des moments des forces qui tendent à faire tourner dans le sens opposé.

COROLLAIRE.

Il est évident que les deux propositions précédentes auraient encore lieu, si les directions des forces P, Q, R, S étaient parallèles.

FIN DE LA PREMIÈRE PARTIE.

LIVRE SECOND.

DEMANDES.

1. Les lignes, les surfaces et les solides se meuvent ou tendent à se mouvoir avec des forces proportionnelles à leurs grandeurs, vers un plan que je nomme *horizon*, chaque point de ces grandeurs décrivant, ou tendant à décrire des droites perpendiculaires à ce plan.

2. Il existe pour les lignes, les surfaces, les solides, un point unique, lequel étant fixe, ces grandeurs conservent toutes les positions qu'on veut leur donner autour de ce point.

Ce point s'appelle *centre de gravité* ou *d'équilibre*.

3. Si deux lignes égales, deux surfaces égales et semblables, et deux solides égaux et semblables coincident, leurs centres de gravité coincident aussi.

4. Les centres de gravité de deux surfaces inégales et semblables, de deux solides inégaux et semblables, sont semblablement placés.

5. Une grandeur quelconque étant tout entière d'un des côtés d'un plan, son centre de gravité ne peut pas être de l'autre côté de ce plan.

COROLLAIRE I.

Il suit évidemment des deux premières demandes que les lignes, les surfaces et les solides sont des forces proportionnelles à ces grandeurs, et dirigées suivant les perpendiculaires à l'horizon, qui passent par leurs centres de gravité.

COROLLAIRE II.

Il suit évidemment de ce dernier corollaire et de l'axiôme 10 de la première partie, que si deux grandeurs égales n'ont pas le même centre de gravité, le centre de gravité de la grandeur composée de ces deux grandeurs, est le milieu de la droite qui joint leurs centres de gravité.

COROLLAIRE III.

Il suit encore des deux premières demandes, et du corollaire deux de la proposition 7 de la première partie, que si deux grandeurs inégales A, B (*fig.* 55), n'ont pas le même centre de gravité, pour avoir le centre de gravité de la grandeur composée des deux grandeurs A, B, il faut partager la droite AB, qui joint les centres de gravité en un point C, de manière que $A : B :: CB : CA$; le point C sera le centre de gravité de la grandeur composée des grandeurs A, B.

PROPOSITION I.

Si un nombre quelconque de grandeurs A, B, C, D (fig. 56), *ont leurs centres de gravité dans une même droite* AB, *le centre de gravité de la grandeur composée de toutes ces grandeurs, sera encore placée dans cette même droite.*

En effet, que les points A, B, C, D, soient les centres de gravité des grandeurs dont nous venons de parler; il est évident que le centre de gravité de la grandeur composée des grandeurs A, B, sera placé dans la droite AB, au point E, par exemple; que le centre de gravité de la grandeur composée des deux grandeurs $A+B$ et C sera placée dans la droite EC, au point F, par exemple; et que le centre de gravité de la grandeur composée des deux grandeurs $A+B+C$ et D, c'est-à-dire, des quatre grandeurs A, B, C, D, sera placé dans la droite FD. Donc, etc.

PROPOSITION II.

Le centre de gravité d'une droite est le point qui la partage en deux parties égales.

Que le point C (*fig.* 57) soit le centre de gravité de la droite AB. Soit une seconde droite DE égale à AB; et que F soit son centre de gravité. Appliquons la droite DE sur la droite AB, de manière que le point D tombe sur le point A, et le point E sur le point B; le point F, centre de gravité de la droite DE tombera sur le point C, centre de gravité de la droite AB (*dém.* 3); donc $AC = DF$; appliquons ensuite la droite DE sur la droite AB, de manière que le point E tombe sur le point A, et le point D sur le point B; le point F, centre de gravité de la droite DE, tombera sur le point C, centre de gravité de la droite AB (*dém.* 3); donc $CB = DF$; mais nous avons démontré que $AC = DF$; donc $AC = CB$; donc, etc.

PROPOSITION III.

Le centre de gravité d'un parallélogramme est placé au milieu de sa diagonale, ainsi que le centre de gravité de son périmètre.

Soit le parallélogramme AC (*fig.* 58); que le point E soit le milieu de la diagonale BD, et le point F le centre de gravité du triangle ABD; par les points F, E menons la droite FG, et faisons EG égal à FE; que le triangle ABD soit appliqué exactement sur le triangle BCD; le point F tombera sur le point G; mais le point F est le centre de gravité du triangle ABD; donc le point G est le centre de gravité du triangle BCD. Mais la distance FE est égale à la distance EG, et la grandeur ABD est égale à la grandeur BCD; donc le centre de gravité de la grandeur $ABCD$, composée des deux grandeurs ABD, BCD, est le point E (*cor.* 2); donc le point E est le centre de gravité du parallélogramme $ABCD$.

On démontreroit de la même manière que le point E est le centre de gravité du périmètre du parallélogramme $ABCD$. Donc, etc.

PROPOSITION IV.

Le centre de gravité d'un cercle, ainsi que le centre de gravité de sa circonférence est le centre même de ce cercle.

Soit le cercle $ABCD$ (*fig.* 59) ayant pour centre le point E; menons le diamètre AC, que le point F soit le centre de gravité du demi-cercle ABC. Par les points F, E, menons la droite FG, et faisons EG égal à FE. Appliquons le demi-cercle ABC sur le demi-cercle CDB, de manière que le point A tombe sur le point C; le point F tombera sur le point G; mais le point F est le centre de gravité du demi-cercle ABC; donc le point G est le centre de gravité du demi-cercle CDA (*dém.* 3). Mais les distances FE, EG sont égales, ainsi que les grandeurs ABC, CDA; donc le point C est le centre de gravité de la grandeur $ABCD$, composée des deux grandeurs ABC, CDA (*cor.* 2). Donc le point C est le centre de gravité du cercle $ABCD$.

On démontreroit de la même manière que le point C est le centre de gravité de la circonférence $ABCD$. Donc, etc.

COROLLAIRE.

On démontreroit encore de la même manière que le centre de gravité d'une ellipse $ABCD$ (*fig.* 60), ainsi que le centre de gravité de son contour, est placé au milieu du grand axe AC.

PROPOSITION V.

Le centre de gravité de la sphère, ainsi que le centre de de gravité de sa surface, est le centre même de la sphère.

Soit la sphère ABC (*fig.* 61), et que son centre de gravité soit le point D; soit une autre sphère EFG égale à la première, et que son centre de gravité soit le point H. Par les points D, H menons les diamètres AC, EG, et plaçons ces sphères de manière que le point E soit sur le point A, et le point G sur le point C; le point H tombera sur le point D (*dém.* 3) ; donc DA est égal à HE. Plaçons ensuite ces sphères de manière que le point E soit sur le point C, et le point G sur le point A; le point H tombera sur le point D (*dém.* 3) ; donc DC est égal à HE ; mais DA est égal à HE; donc DA est égal à DC; donc le point D est placé au centre de la sphère ABC; donc le centre de gravité de la sphère est le centre même de la sphère.

On démontrerra de la même manière que le centre de gravité de la surface de la sphère est le centre même de la surface de la sphère ; donc , etc.

PROPOSITION VI.

Le centre de gravité d'un ellipsoïde , ainsi que le centre de gravité de sa surface , est le centre même de l'ellipsoïde.

Soit l'ellipsoïde ABC (*fig.* 62) , et AC son grand axe ; soit l'ellipsoïde EFG, égal et semblable à l'ellipsoïde ABC, et EG son grand axe. Que ces deux ellipsoïdes soient placés de manière que le point E soit sur le point A , et le point G sur le point C. Que l'ellipsoïde EFG tourne autour de son axe EG, son centre de gravité coïncidera toujours avec le centre de gravité de l'ellipsoïde ABC (*dém.* 3) ; donc les centres de gravité des ellipsoïdes ABC, EFG, sont placés dans leurs grands axes ; que D soit le centre de gravité de l'ellipsoïde ABC , et H le centre de gravité de l'ellipsoïde EFG; le point H tombera sur le point D (*dém.* 3); donc la droite DA sera égale à la droite HE. Plaçons les ellipsoïdes ABC, EFG, de manière que le point E soit sur le point C, et le point G sur le point A; le point H tombera sur le point D (*dém.* 3); donc DC égalera HE; mais DA égale aussi HE; donc DA égale DC; donc le point D est le centre de l'ellipsoïde ABC. On démontreroit de la même manière que le point D est le centre de gravité de la surface de l'ellipsoïde ABC. Donc, etc.

COROLLAIRE.

On démontreroit de la même manière que le centre de gravité du cylindre droit, ainsi que le centre de gravité de la surface entière, ou seulement de sa surface convexe, est placé au milieu de son axe.

PROPOSITION VII.

Le centre de gravité d'un polygone régulier, ainsi que le centre de gravité de son périmètre, est le même que celui du cercle circonscrit.

Soit le polygone régulier $ABCDE$ (*fig.* 63), et que F soit son centre de gravité; soit un autre polygone $GHKLM$ égal et semblable au premier, et que N soit son centre de gravité. Circonscrivons à ces deux polygones deux circonférences de cercles.

Cela posé, appliquons le polygone $GHKLM$ sur le polygone $ABCDE$, de manière que le point G soit placé sur le point A, et le point H sur le point B; le point N, centre de gravité du polygone $GHKLM$ tombera sur le point F, centre de gravité du polygone $ABCDE$ (*dém.* 3). Donc la distance FA sera égale à la distance NG.

Appliquons ensuite le polygone $GHKLM$ sur le polygone $ABCDE$, de manière que le point G soit placé sur le point B, et le point M sur le point A; le point N, centre de gravité du polygone $GHKLM$ tombera sur le point F, centre de gravité du polygone $ABCDE$ (*dém.* 3); donc la distance FB sera égale à la distance NG; on démontrera semblablement que FC est égal à NG; donc les trois distances FA, FB, FC sont égales; donc le point F est le centre du cercle $ABCDE$; donc le centre de gravité du polygone $ABCDF$ est le même que le centre de gravité du cercle circonscrit.

On démontreroit de la même manière que le centre de gravité du périmètre du polygone *ABCDE* est le même que le centre du cercle circonscrit; donc, etc.

COROLLAIRE.

On démontreroit d'une manière semblable que le centre de gravité du polyèdre régulier, ainsi que le centre de gravité de sa surface, est le même que celui de la sphère circonscrite. (*)

PROPOSITION VIII.

Trouvez le centre de gravité du périmètre d'une figure rectiligne.

Ayant partagé chaque côté de cette figure en deux parties égales, on considérera les côtés de cette figure comme représentant des forces parallèles appliquées aux points de division, et l'on résoudra ce problème de la même manière que celui de la proposition onze de la première partie.

PROPOSITION IX.

Si le point A (fig. 64) *est le centre de gravité d'une grandeur* BCDE, *si de cette grandeur on retranche une grandeur* BEGF, *ayant le point* H *pour centre de gravité, et si ayant joint la droite* HA, *on prend sur son prolongement une partie* AK *qui soit à* AH *comme la grandeur retranchée* BEGF *est à la grandeur restante* FCDG, *le point* K *sera le centre de gravité de la grandeur restante* FCDG.

Si le point K n'est pas le centre de gravité de la grandeur restante *FCDG*, le centre de gravité de cette grandeur sera un autre point de la droite qui passe par les points *H*, *K*, ou il sera hors de cette droite. Que le centre de gravité de la grandeur

---

(*) Les propositions 2, 3, 4, 5, 6, 7 sont démontrées à la manière d'Archimède et de Maurolicus, son commentateur.

restante soit le point L; le centre de gravité de la grandeur composée des grandeurs $BEGF$, $FCDG$, sera un point M de la droite HL, partagée de manière que MH soit à ML comme $FCDG$ est à $BEGF$ (cor. 3.); donc le point A ne sera pas le centre de gravité de la grandeur composée des grandeurs $BEGF$, $FCDC$, c'est-à-dire de la grandeur entière $BCDE$; mais il l'est par supposition, ce qui est impossible ; donc le point L n'est pas le centre de gravité de la grandeur restante $FCDG$.

Que le centre de gravité de la grandeur restante soit hors de la droite qui joint les points H, A, et que ce soit le point N ; le centre de gravité de la grandeur composée des deux grandeurs sera un point de la droite HN (cor. 3); donc le point A ne sera pas le centre de gravité de la grandeur composée des grandeurs $BEGF$, $FCDF$, c'est-à-dire de la grandeur entière $BCBE$; mais il l'est par supposition, ce qui est impossible ; donc le point N n'est pas le centre de gravité de la grandeur restante $FCDE$; donc le centre de gravité de la grandeur restante $FCDG$ ne peut pas être un point différent du point K ; donc le point K est son centre de gravité ; donc, etc.

·COROLLAIRE

Il suit évidemment de là que si les points A, H, K sont les centres de gravité des grandeurs $BCDE$, $BEGF$, $FCDG$, la ligne HAK sera une ligne droite, et l'on aura $BEGF$: $FCDG$ :: AK : AH.

PROPOSITION X.

Inscrire dans un triangle une surface composée de parallélogrammes, de manière que la somme des triangles restans soit moindre qu'une surface donnée.

Soit le triangle ABC (*fig.* 65). De l'angle A menons la droite AD au milieu de BC; par le point E milieu de AB, menons la droite EF parallèle à BC, et des points E, F, les droites EG, FH parallèles à la droite AD. La somme des parallélogrammes

GK, KH sera égal à la somme des triangles AEF, EBG, FHC; donc le parallélogramme entier EH sera égal à la moitié du triangle entier ABC. Des milieux des droites AE, EB, menons les droites LM, NO, parallèles à BC, et des points L, M, N, O, menons des droites parallèles à AD; la somme des parallélogrammes LK, NG, MK, OH, sera égal à la somme des triangles restans ALM, LEP, ENR, etc. Si nous continuons de faire la même chose, il est évident qu'on obtiendra enfin des triangles dont la somme sera moindre qu'une surface donnée; puisque du triangle ABC, on aura retranché un parallélogramme égal à sa moitié; que de la somme des triangles restans on aura retranché des parallélogrammes dont la somme sera égale à la moitié de la somme de ces triangles, etc. (1 , 6 , *cor.* 1). Donc , etc.

PROPOSITION XI.

Le centre de gravité d'un triangle est dans la droite menée d'un de ses angles au milieu de la base.

Que cela ne soit point, et que le point E (fig. 66) soit le centre de gravité du triangle ABC. Menons la droite EF, parallèle à AD; par le point G, milieu de AB, menons la droite GH parallèle à BC, et par les points G, H, les droites GK, HL parallèles à AD. Que CF soit à FD comme le parallélogramme GL est à une surface O. Inscrivons dans le triangle ABC une surface composée de parallélogrammes, de manière que la somme des triangles restans soit moindre que la surface O (10). Que les parallélogrammes qui composent la figure inscrite soient MN, GQ, PR. Le centre de gravité de la figure inscrite sera dans la droite AD (1 et 5); qu'il soit au point S; joignons SE, et ayant prolongé cette droite, menons la droite CT parallèle à AD.

Cela posé, puisque le parallélogramme GL est à la surface O comme CF est à FD, comme TE est à ES, et que la surfsce composée des triangles restans est moindre que la surface O, la raison de la figure inscrite à la surface composée des triangles restans sera plus grande que la raison de TE à ES ; que VE soit à ES comme la figure inscrite est à la surface composée des triangles restans. Puisque le point E est par supposition le centre de gravité du triangle ABC, et que le point S est le centre de gravité de la figure inscrite, le point V sera le centre de gravité de la surface composée des triangles restans (9), ce qui est impossible, car tous les triangles restans sont d'un côté de la droite CT, et le point V de l'autre côté (*dem.* 5) ; donc le centre de gravité du triangle ne peut pas être hors de la droite AD ; donc il est dans cette droite.

COROLLAIRE.

Il suit évidemment de là que le centre de gravité d'un triangle ABC (*fig.* 67) est le point où se coupent les deux droites AD, BE, menées de deux angles A, B aux milieux des côtés opposés BC, AB ; puisque le centre de gravité du triangle ABC doit se trouver tout à la fois dans la droite AD et dans la droite BC.

PROPOSITION XII.

Si d'un des angles d'un triangle, on mène une droite au milieu de la base, le centre de gravité sera au tiers de cette droite à partir de la base.

De l'angle A du triangle ABC (*fig.* 68), menons la droite AD au milieu du côté BC, et du point B, la droite BE au milieu de AC, et joignons CF. Puisque AE est égal à EC, le triangle BEA est égal au triangle BEC, et le triangle FEA égal au triangle FEC ; donc le triangle BFA est égal au triangle BFC ; mais le triangle FDB est égal au triangle FDC ; donc le triangle BFA est double du triangle BFD ; donc la droite AF est double de la droite FD ; donc la droite FD est le tiers de la droite AD ; donc, etc.

COROLLAIRE.

Puisque si de deux angles A, B (*fig.* 68) d'un triangle ABC, on mène deux droites AD, BE aux milieux des côtés opposés, le centre de gravité est le point où elles se rencontrent, il est évident que si de l'angle C on mène la droite CF au point d'intersection des droites AD, BE, la droite CF prolongée passera par le milieu de AB, sans quoi le triangle ABC auroit deux centres de gravité. Au reste, on peut démontrer de la manière suivante, que le prolongement de CF passe par le milieu de AB. Prolongeons CF, et par le point B menons la droite BH parallèle à AD; on aura $CD : DB :: CF : FH$; mais CD est égal à DB; donc CF est égal à FH; donc CH est double de CF. Mais CH est à CF comme BH est à DF; donc BH est double de DF; mais AF est double de FD; donc BH est égal à AF; mais les triangles GBH, GAF sont semblables; donc $BH : AF :: BG : GA$. Mais BH est égal à AF; donc BG est égal à GA; donc la droite CF prolongée passe par le milieu de AB.

PROPOSITION XIV.

Trouver le centre de gravité d'une figure rectiligne.

Ayant partagé cette figure en triangles, on cherchera leurs centres de gravité. Considérant ensuite ces triangles comme représentant en grandeur des forces parallèles appliquées à leur centres de gravité, l'on résoudra ce problème comme celui de la proposition onze de la première partie.

PROPOSITION XV.

Si l'on joint par une droite EF (fig. 69) les milieux E, F des côtés parallèles d'un trapèze ABCD, et si l'on partage la droite EF en deux parties EP, PF, de manière que la partie PE placée vers le plus petit des côtés parallèles soit à l'autre partie PF comme $2BC + AD$ *est à* $2AD + BC$, *le point P sera le centre de gravité du trapèze ABCD.*

Je dis d'abord que le centre de gravité du trapèze $ABCD$ est dans la droite EF. En effet, prolongeons les droites BA,

CD, FE; ces droites se rencontreront en un point G, et les centres de gravité des triangles GBC, GAD seront placés sur la droite GF (11); donc le centre de gravité du trapèze sera dans la droite EF (9).

Menons la droite BD, et partageons cette droite en trois parties égales aux points H, K; par les points H, K menons les droites LM, NO parallèles à BC, et joignons BE, FD, PQ. Le centre de gravité du triangle DBC, sera dans HM; parce que BH est le tiers de BD, et que HM est parallèle à BC. Mais le centre de gravité du triangle DBC est dans la droite DF (11); donc le point Q est son centre de gravité. Le point P est, par la même raison, le centre de gravité du triangle ABD; donc le centre de gravité de la grandeur composée des triangles ABD, BDC, c'est-à-dire le trapèze $ABCD$, est dans la droite PQ. Mais le centre de gravité du trapèze est aussi dans la droite EF; donc le point R est le centre de gravité du trapèze $ABCD$. Mais le point Q est le centre de gravité du triangle DBC, et le point P le centre de gravité du triangle ABD; donc le triangle BCD est au triangle ABD comme PR est à RQ (9). Mais le triangle BCD est au triangle ABD comme BC est à AD, et PR est à RQ comme SR est à RT; donc $BC : AD :: SR : RT$; donc $2BC + AD : 2AD + BC :: 2SR + RT : 2RT + SR :: SR + RT + SR : SR + RT + RT :: ER : RF$; donc $ER : RF :: 2BC + AD : 2AD + BC$; donc, etc.

PROPOSITION XV.

Si plusieurs grandeurs égales et paires en nombre ont leurs centres de gravité sur une même droite, et si leurs centres de gravité sont placés à des distances égales entre elles, le centre de gravité de la grandeur composée de toutes ces grandeurs est placé au milieu de la droite qui joint les centres de gravité des deux grandeurs moyennes.

Cette proposition est une suite de la proposition V de la première partie.

PROPOSITION XVI.

Le centre de gravité d'un prisme ABCD *(fig. 70) est dans le plan* EFG, *mené par le milieu d'une de ses arêtes, parallèlement aux bases.*

Que cela ne soit point ; et que le point H soit le centre de gravité du prisme $ABCD$. Du point H menons au plan EFG la droite HK parallèle aux arêtes du prisme ; partageons la droite CG en parties égales qui soient chacune plus petite que la droite HK ; partageons ensuite la droite GD en un même nombre de parties égales, et par les points de division, menons des plans parallèles aux bases du prisme $ABCD$. Ce prisme sera partagé en un nombre pair de prismes égaux et semblables. Donc si les bases de ces prismes sont appliquées exactement les unes sur les autres, les centres de gravité de ces prismes seront placés dans un seul et même point (*dém.* 3) ; donc les centres de gravité de ces prismes sont placés dans une même droite, et les droites que joignent les centres de gravité de deux prismes consécutifs sont égales entre elles ; donc les prismes sont des grandeurs égales et paires en nombres, ayant leurs centres de gravité placés dans la même droite, à des distances égales entre elles ; donc le centre de gravité de la grandeur composée de toutes ces grandeurs est placé dans la droite qui joint les centres de gravité des deux grandeurs moyennes (15) ; donc le centre de gravité du prisme $ABCD$ est dans la droite qui joint les centres de gravité des deux prismes $LMNC$, $EFGO$; mais cela n'est point, puisqu'il est hors de ces deux prismes, ce qui est impossible (*dem.* 5) ; donc le centre de gravité du prisme $ABCD$ ne peut pas être hors du plan EFG ; donc il est dans ce plan, donc, etc.

PROPOSITION XVII.

*Le centre de gravité d'un cylindre, ou d'une portion de cy-
lindre (*), est dans le plan mené par le milieu de l'axe paral-
lélément aux bases.*

Cette proposition se démontre de la même manière que la
précédente.

PROPOSITION XVIII.

*Le centre de gravité d'un parallélepipéde est dans le milieu
de la droite qui joint les centres de gravité de ses deux bases.*

Soit le parllélipipéde AP (*fig.* 47); par les milieux E, G, M
des côtés QR, QA, QC, menons les plans EF, GH, MN,
parallèles aux faces AC, AD, AR.

Le centre de gravité du parallélepipéde AP sera tout-à-la-
fois dans les plans EF, GH (16); il est donc dans la droite
KL, commune section de ces deux plans; mais il est aussi
dans le plan MN; donc le point O, milieu de KL, est le
centre de gravité du parallélepipéde AP; mais les points K, L
sont les centres de gravité des bases du parallélepipéde AP;
donc le centre de gravité du parallélepipéde AD est dans le
milieu de la droite qui joint les centres de gravité de ses deux
bases; donc, etc.

PROPOSITION XIX,

*Le centre de gravité d'un prisme triangulaire droit, ou oblique,
est dans le milieu de la droite qui joint les centres de gravité
de ses deux bases.*

Soit le prisme triangulaire $ABCF$ (*fig.* 71). Par le point G

(*) On appelle *portion de cylindre* la partie d'un cylindre
comprise entre deux plans parallèles entre eux, sans être parallèles ni anti-parallèles aux bases du cylindre.

milieu de AD, conduisons un plan parallèle aux bases de ce prisme ; que la section de ce prisme par ce plan soit le triangle GHK ; le centre de gravité du prisme $ABCF$ sera placé dans le triangle GHK (16). Du point K menons la droite KL au milieu de GH ; je dis que le centre de gravité du prisme $ABCF$ sera placé dans la droite KL.

Que cela ne soit point, et que le point M soit, s'il est possible, le centre de gravité du prisme $ABCF$. Par le point M menons la droite MN parallèle à KL ; par le milieu de GK menons la droite OP parallèle à GH, et par les points O, P les droites OQ, PR parallèles à KL. Que le parallélogramme OR soit à une surface S comme HN est à NL ; inscrivons dans le triangle GHK une surface composée de parallélogrammes, de manière que la somme des triangles restans soit moindre que la surface S (10).

Puisque le parallélogramme OR est à la surface S comme HN est à NL, que la somme des triangles restans est moindre que la surface S ; la raison de la surface composée de parallélogrammes à la somme des triangles restans sera plus grande que la raison de HN à NL. Mais la surface composée de parallélogrammes est à la somme des triangles restans comme le solide inscrit qui a pour base la surface composée de parallélogrammes est à la somme des prismes qui ont pour base les triangles restans ; donc la raison du solide inscrit qui a pour base la surface composée de parallélogrammes à la somme des prismes qui ont pour base les triangles restans, est plus grande que la raison de HN à NL. Mais les centres de gravité des parallélepipèdes qui composent le solide inscrit sont placés dans la droite KL (18) ; donc le centre de gravité du solide inscrit qui a pour base la surface composée de parallélogrammes, sera placé dans cette même droite (1) ; que le point V soit son centre de gravité ; joignons VM, prolongeons cette droite, et par le point H menons la droite HX parallèle à KL ; la droite HN sera à la droite LN comme XM est à MV ; mais la raison du

solide inscrit qui a pour base la surface composée de parallélogrammes, à la somme des prismes qui ont pour base les triangles
restans, est plus grande que la raison de HN à NL; donc la
raison du solide inscrit qui a pour base la surface composée de
parallélogrammes à la somme des prismes qui ont pour base les
triangles restans, est plus grande que la raison de XM à MV;
que YM soit à MV comme le solide inscrit qui a pour base la
surface composée de parallélogrammes est à la somme des prismes
qui ont pour base les triangles restans. Puisque le point M est le
centre de gravité du prisme $ABCF$, et que le point V est le
centre de gravité du solide inscrit qui a pour base la surface
composée de parallélogrammes, le point Y sera le centre de
gravité de la grandeur composée des prismes qui ont pour base
les triangles restans (9), ce qui est impossible, parce que ces
prismes sont d'un côté du plan mené par la droite HX et
par la droite BE, et que le point Y est de l'autre côté de ce
plan (*dém*. 5). Donc le centre de gravité du prisme $ABCF$
ne peut pas être hors de la droite KL; donc il est dans cette
droite.

On démontreroit de la même manière que le centre de
gravité du prisme $ABCF$ est dans la droite menée du poinr G
au milieu de HK; donc le centre de gravité du prisme $ABCF$
est le même que le centre de gravité du triangle GHK. Mais
les centres de gravité des deux bases du prisme et le centre de
gravité du triangle GHK sont placés dans l'intersection des
plans menés, l'un par la droite CF et par le milieu GH, et
l'autre par la droite AD et par le milieu HK, et le centre de
gravité du triangle GHK est placé au milieu de la droite qui
joint les centres de gravité des deux bases du prisme; donc le
centre de gravité du prisme $ABCF$ est placé au milieu de
la droite qui joint les centres de gravité de ses deux bases.

PROPOSITION XX.

Le centre de gravité d'un prisme quelconque est placé au milieu de la droite qui joint les centres de gravité de ses deux bases.

Soit le prisme $ABCDEL$ (*fig.* 72). Par le milieu d'une des arètes conduisons un plan $MNOPQ$ parallèle aux bases ; menons les diagonales MO, MP, et par la droite AF et par les diagonales MO, MP conduisons les plans AH, AK; le prisme $ABCDEL$ sera décomposé en trois prismes triangulaires. Que les points R, S, T soient les centres de gravité des trois prismes $ABCH$, $ACDK$, $ADEL$; ces points seront aussi les centres de gravité des triangles MNO, MOP, MPQ. Puisque le prisme $ABCH$ est au prisme $ACDK$ comme le triangle MNO est au triangle MOP, le centre de gravité du prisme $ABCDK$ sera le même que le centre de gravité du quadrilatère $MNOP$. De plus, puisque le prisme quadrangulaire $ABCDK$ est au prisme triangulaire ADE (*cor.* 3) comme le quadrilatère $MNOP$ est au triangle MPQ, le centre de gravité du prisme $ABCDEF$ sera le même que le centre de gravité du polygone $MNOPQ$; mais la droite menée par les centres de gravité des bases du prisme, passe par le centre de gravité du polygone $MNOPQ$, et le centre de gravité de ce polygone est le milieu de cette droite ; donc le centre de gravité d'un prisme quelconque est placé au milieu de la droite qui joint les centres de gravité de ces deux bases.

COROLLAIRE.

Il suit évidemment de là que le centre de gravité d'un prisme dont la base est un polygone régulier, est placé au milieu de l'axe du cylindre circonscrit, puisque le centre de gravité d'un polygone régulier est le même que le centre du cercle circonscrit (7).

PROPOSITION XXI.

Deux grandeurs inégales étant données, si de la plus grande on retranche une partie plus grande que sa moitié, si du reste on retranche une partie plus grande que sa moitié, et ainsi de suite, on obtiendra enfin un reste qui sera moindre que la plus petite des deux grandeurs données.

Que ces grandeurs soient représentées par les droites AB, C (*fig.* 10), et que AB soit plus grand que C; prenons un multiple de C qui soit plus grand que AB; que DE soit ce multiple, et que les parties de ce multiple soient EF, FG, GH, HD. Retranchons de AB une partie BK plus grande que la moitié de AB; retranchons du reste KA une partie KL plus grande que la moitié de KA, et ainsi de suite, jusqu'à ce que le nombre des parties de AB soit égal au nombre des parties de DE, je dis que le reste AM sera plus petit que C.

En effet, puisque $DE > AB$, que $EF < \frac{1}{2}DE$, et que $KB > \frac{1}{2}AB$, on aura $FD > KA$.

Puisque $FD > KA$, que $FG < \frac{1}{2}FD$, et que $KL > \frac{1}{2}KA$, on aura $GD > LA$.

Enfin, puisque $GD > LA$, que $GH = HD$, et que $LM > MA$, on aura $HD > MA$. Mais $HD = C$; donc $MA < C$; on a donc trouvé une grandeur MA moindre que la plus petite des grandeurs données AB, C. Donc, etc.

PROPOSITION XXII.

Inscrire dans un cercle ou une ellipse, un polygone, de manière que la somme des segmens restans soit plus petite qu'une surface donnée.

Soit d'abord le cercle $ABCD$ (*fig.* 75); inscrivons dans ce cercle un quarré, un polygone régulier de huit côtés, un polygone régulier de seize côtés, et ainsi de suite.

Le quarré inscrit étant égal à la moitié du quarré circonscrit, le quarré inscrit est plus grand que la moitié du cercle.

Les triangles AEB, BFC, etc., étant chacun plus grand que la moitié du segment dans lequel il est inscrit ; puisque chacun de ces triangles est la moitié d'un rectangle ayant la même base et la même hauteur que le segment dans lequel il est inscrit, il est évident que la somme des triangles AEB, BFC, etc. est plus grande que la demi-somme des segmens AEB, BFC, etc.

On démontrera de la même manière que la somme des triangles qui ont pour base les côtés de l'octogone inscrit, est plus grande que la demi-somme des segmens restans dans lesquels ils sont inscrits, et ainsi de suite.

Cela posé, puisque du cercle on a retranché un quarré plus grand que la moitié de ce cercle, ; que des segmens restans on a retranché des triangles dont la somme est plus grande que la moitié de la somme de ces segmens, etc., on aura enfin certains segmens dont la somme sera plus petite qu'une surface donnée (21). On peut donc inscrire dans un cercle un polygone, de manière que la somme des segmens restans soit plus petite qu'une surface donnée.

Soit à présent l'ellipse $ABCD$ (*fig.* 74); que les droites AC, BD soient les deux axes. Menons les droites AB, BC, CD, DA; partageons chacune de ces droites en deux parties égales; par les points de divisions, et par le centre K; menons des droites qui rencontrent le contour de l'ellipse aux points E, F, G, H; les points E, F, G, H seront les sommets des segmens AEB, BFC, etc.; joignons AE, EB, BF, etc., et continuons de faire la même chose.

Le parallélogramme $ABCD$ étant la moitié du rectangle circonscrit, qui est formé par les tangentes menées par les extrémités des axes, le parallélogramme $ABCD$ sera plus grand que la moitié de l'ellipse. On démontrera le reste de la même manière qu'on l'a fait pour le cercle ; on peut donc inscrire dans l'ellipse un polygone , de manière que la somme des segmens restans soit plus petite qu'une surface donnée.

PROPOSITION XXIII.

Le centre de gravité d'un cylindre , ou d'une portion de cylindre , est placé au milieu de son axe.

Soit le cylindre ou la portion de cylindre *A B C H* (*fig.* 75); par le milieu *K* de son axe, conduisons un plan parallèle à sa base; que la section du cylindre ou de la portion de cylindre par ce plan soit le cercle ou l'ellipse *L M N O*; le centre de gravité du cylindre sera le centre de ce cercle ou de cette ellipse.

Nous avons déjà démontré que le centre de gravité d'un cylindre ou d'une portion de cylindre est dans la section faite par un plan mené par le milieu de l'axe , parallèlement aux bases.

Que le centre de gravité du cylindre ne soit pas le point *K* , et qu'il soit le point *P* pris dans le plan *L M N O*; joignons *K P*, et prolongeons cette droite vers *Q*; inscrivons dans la courbe *L M N O* un quarré ou un parallélogramme *L M N O*, suivant que cette courbe est un cercle ou une ellipse , et faisons ensorte que le quadrilatère *L M N O* soit à une surface *R* comme *N P* est à *P K*. Dans la courbe *L M N O*, inscrivons un polygone , de manière que la somme des segmens restans soit moindre que la surface *R* (22). Puisque le quadrilatère *L M N O* est à la surface *R* comme *N P* est à *P K* , la raison du polygone inscrit à la somme des segmens restans sera plus grande que la raison de *N P* à *P K* ; que la droite *Q P* soit à la droite *P K* comme le polygone inscrit est à la somme des segmens restans. Puisque le polygone inscrit est à la somme des segmens restans, comme le prisme inscrit est à la somme des segmens cylindriques qui ont pour base les segmens restans , le prisme inscrit qui a pour base le polygone inscrit sera à la grandeur composée des segmens cylindriques qui ont pour base les segmens restans, comme QP est à PK. Mais le point P est le centre de gravité du cylindre ou de la portion de cylindre, et le point K le centre du prisme inscrit ; donc le point Q est le centre de gravité de la grandeur composée des segmens cylindriques restans (9) ; ce qui est impossible, puisque le point Q est hors de cette grandeur (*dém*. 5). Donc le centre de gravité du cylindre ne peut pas être un point différent du point K ; donc le point K est son centre de gravité. Donc, etc.

PROPOSITION XXIV.

On peut inscrire dans une pyramide un solide composé de prismes de même hauteur, et lui en circonscrire un autre, composé de prismes ayant la même hauteur que les prismes du premier solide, de manière que l'excès du solide circonscrit sur le solide inscrit soit moindre qu'un solide proposé.

Soit la pyramide ABC (*fig.* 76) ; que le point D soit le centre de gravité de sa base. Joignons CD ; sur la base AB de cette pyramide construisons un prisme $ABFE$ qui ait la même hauteur que la pyramide, et dont les arêtes soient parallèles à CD. Partageons le prisme $ABFE$, en un certain nombre de prismes égaux, par des plans parallèles à la base de la pyramide, de manière que chacun de ces prismes soit moindre que le solide proposé (1. 6. *lem*. 1). Que AH soit un de ces prismes, et que IK, LM, NO soient les sections de la pyramide par les plans menés parallèlement à sa base. Entre les plans parallèles EF, RS, et sur la base IK construisons deux prismes dont les arêtes soient parallèles à CD, entre les plans parallèles PQ, GH, et sur la base LM construisons deux prismes dont les arêtes soient parallèles à CD, et enfin, entre les plans parallèles RS, AB, et sur la base NO, construisons deux prismes dont les arêtes soient parallèles à CD.

Cela posé, les prismes KV, MY, Oa seront inscrits dans la pyramide ABC, et les prismes TK, XM, ZO, GB, lui seront circonscrits. Mais l'excès du solide composé des prismes circonscrits TK, XM, ZO, GB, sur le solide composé des prismes inscrits KV, MY, Oa, est le prisme AH, puisque les trois premiers prismes circonscrits sont égaux aux prismes inscrits chacun à chacun. Mais le prisme AH est moindre que le solide proposé ; donc l'excès du solide composé des prismes circonscrits sur le solide composé des prismes inscrits, est moindre que le solide proposé ; donc, etc.

COROLLAIRE.

On démontrera semblablement que dans un cône ou une portion de cône (*), dans un segment sphérique qui ne seroit pas plus grand que la moitié de la sphère, dans un segment d'ellipsoïde qui ne seroit pas plus grand que la moitié de l'ellipsoïde, dans un segment de paraboloïde, et dans un segment d'hyperboloïde, on peut inscrire des solides composés de cylindres ou de portions de cylindres de même hauteur, et leur circonscrire des solides composés de cylindres ou de portions de cylindre ayant la même hauteur que les cylindres ou les por-

---

(*) Une portion de cône est la partie supérieure d'un cône séparée par un plan non parallèle ni anti-parallèle à la base.

L'axe d'une portion de cône est le même que l'axe du cône ; il passe donc par le centre de l'ellipse qui est la base de cette portion de cône.

L'axe d'un segment de sphère, d'ellipsoïde, de paraboloïde, d'hyperboloïde, est la droite menée du sommet du segment au centre de la base. Dans un segment de sphère, l'axe est toujours perpendiculaire sur sa base. Dans un segment d'ellipsoïde, de paraboloïde et d'hyperboloïde, l'axe est perpendiculaire ou oblique sur la base, suivant que la base est un cercle ou une ellipse.

tions de cylindre des solides inscrits, de manière que l'excès du solide circonscrit sur le solide inscrit, soit moindre qu'un solide proposé.

PROPOSITION XXV.

Le centre de gravité d'une pyramide quelconque est placé dans la droite menée du sommet de cette pyramide au centre de gravité de sa base.

Soit la pyramide $ABCD$ (*fig.* 77); que le point E soit le centre de gravité de sa base; joignons DE; je dis que le centre de gravité de la pyramide $ABCD$ est placé dans la droite DE.

Que cela ne soit point, et que le point F soit son centre de gravité; menons la droite FG parallèle à DE; et que cette droite rencontre la base au point G; joignons EG; prolongeons cette droite; que cette droite prolongée rencontre AB au point H; par le milieu de la droite DE conduisons un plan parallèle à la base; que IKL soit la section de la pyramide par ce plan; des points I, K, L menons à la base les droites IM, KN, LO parallèlement à la droite DE, et joignons MN, NO, OM.

Cela posé, que le prisme $MNOL$ soit à un solide S comme HG est à GE; inscrivons dans la pyramide $ABCD$ un solide composé de prismes de même hauteur, et ayant leurs arêtes parallèles à DE, et circonscrivons à cette même pyramide un solide composé de prismes ayant la même hauteur que les prismes du solide inscrit, et ayant aussi leurs arêtes parallèles à DE, de manière que l'excès du solide circonscrit sur le solide inscrit soit moindre que le solide S (24); l'excès de la pyramide sur le solide inscrit sera, à plus forte raison, moindre que le solide S. Mais le solide inscrit est plus grand que le prisme $MNOL$, et ce prisme est au solide S comme HG est à GE; donc la raison du solide inscrit à l'excès de la pyramide sur le solide inscrit est plus grande que la raison de HG à GE; mais la droite DE passe par les centres de gravité des bases des prismes qui composent le solide inscrit (20) ; donc le centre de gravité de ce solide sera dans la droite DE (1). Que le point P soit son centre de gravité ; joignons PF ; prolongeons cette droite, et menons HQ parallèle à GF ; la droite QF sera à la droite FP comme HG est à GF ; mais la raison du solide inscrit à l'excès de la pyramide sur ce solide, est plus grande que la raison de HG à GE ; donc la raison du solide inscrit à l'excès de la pyramide sur ce solide est plus grande que la raison de QF à FP. Que RF soit à FD comme le solide inscrit est à l'excès de la pyramide sur le solide inscrit. Puisque le point F est le centre de gravité de la pyramide, et que le point P est le centre de gravité du solide inscrit, le point R sera le centre de gravité de la grandeur qui est égale à l'excès de la pyramide sur le solide inscrit (9) ; ce qui est impossible (*dém.* 5), puisque le point R est hors de cette grandeur ; donc le centre de gravité de la pyramide ne peut pas être hors de la droite DE ; donc il est dans cette droite.

COROLLAIRE I.

On démontreroit de la même manière que le centre de gravité d'un cône, d'une portion de cône, d'un segment sphérique qui ne seroit pas plus grand que la demi-sphère, d'un segment d'ellipsoïde qui ne seroit pas plus grand que la demi-ellipsoïde, d'un segment de paraboloïde, et d'un segment d'hyperboloïde, est placé dans l'axe de ces solides.

COROLLAIRE II.

Puisque le centre de gravité d'un segment sphérique qui n'est pas plus grand que la moitié de la sphère, est dans son axe, et que le centre de gravité de la sphère est dans le prolongement de l'axe du segment, il est évident que le centre de gravité de l'autre segment est encore placé dans son axe, lors même qu'il est plus grand que la moitié de la sphère (9) ; il en est de même du segment de l'ellipsoïde, lorsqu'il est plus grand que la moitié de l'ellipsoïde.

PROPOSITION XXVI.

Le centre de gravité d'une pyramide triangulaire ABCD *(fig. 78), est le point où se rencontrent deux droites* DE, AF, *menées de deux angles solides de cette pyramide aux centres de gravité des faces opposées.*

Que le point E soit le centre de gravité du triangle ABC, et le point F le centre de gravité du triangle BCD; les droites AE, DF prolongées, passeront par le milieu de BC (11); donc les droites AE, DF sont dans un même plan; mais le centre de gravité de la pyramide $ABCD$ est placé dans la droite AF et dans la droite DE; donc le centre de gravité de la pyramide $ABCD$ est le point où ces deux droites se rencontrent; donc, etc.

PROPOSITION XXVII.

Si du point D *(fig. 78), sommet de la pyramide* ABCD, *on mène la droite* DE *au centre de gravité du triangle* ABC, *le centre de gravité de la pyramide sera placé au quart de la droite* ED, *à partir de la base.*

Que le point F soit le centre de gravité du triangle BCD; joignons les droites AE, DF, et prolongeons ces droites; elles passeront par le milieu de la droite BC (11); joignons EF; les triangles HAD, HEF étant semblables, on aura $EH : HD :: EF : AD$; mais à cause des triangles semblables AGD, EGF, on a $EF : AD :: GE : GA :: 1 : 3$; donc $EH : HD :: 1 : 3$; donc EH est le tiers de HD; donc EH est le quart de ED; mais le point H est le centre de gravité de la pyramide $ABCD$ (26); donc le centre de gravité de la pyramide $ABCD$ est placé au quart de la droite DE, à partir de la base; donc, etc.

PROPOSITION XXVIII.

Le centre de gravité d'une pyramide quelconque est placé au quart de la droite qui joint le sommet de la pyramide, et le centre de gravité de sa base, en partant de la base.

Soit la pyramide $ABCDEF$ (*fig.* 79). Menons les diagonales AC, AD; la pyramide $ABCDEF$ sera décomposée en trois pyramides triangulaires $ABCF$, $ACDF$, $ADEF$; que la droite AG soit le quart du côté AF; par le point G, menons le plan $GHKLM$ parallèle à la base de la pyramide; menons les diagonales GK, GL; et que les points N, O, P soient les centres de gravité des pyramides $ABCF$, $ACDF$, $ADEF$; ces points seront aussi les centres de gravité des triangles GHK, GKL, GLM.

Cela posé, puisque la pyramide $ABCF$ est à la pyramide $ACDF$ comme le triangle GHK est au triangle GKL, le centre de gravité de la pyramide $ABCDF$ sera le même que le centre de gravité du quadrilatère $GHKL$ (cor. 3.) De plus, puisque la pyramide $ABCDEF$ est à la pyramide $ADEF$, comme le pentagone $GHKL$ est au triangle GLM, le centre de gravité de la pyramide $ABCDEF$ sera le même que le centre de gravité du pentagone $GHKLM$. Mais la droite menée du point F au centre de gravité du pentagone $GHKL$, passe par le centre de gravité de la base de la pyramide, et la droite qui joint le centre de gravité du pentagone $GHKLM$, et le centre de gravité de la base est le quart de la droite qui joint le sommet de la pyramide et le centre de gravité de sa base; donc le centre de gravité de la pyramide $ABCDEF$ est placé au quart de la droite qui joint son sommet et le centre de gravité de sa base, en partant de la base.

PROPOSITION XXIX.

Le centre de gravité d'un cône ou d'une portion de cône est au quart de l'axe, à partir de la base.

Soit ABC un cône ou une portion de cône ; que BD soit son axe. Partageons l'axe en un point E, de manière que DE soit le quart de BD ; je dis que le point E est le centre de gravité du cône ou de la portion de cône ABC.

Que le centre de gravité du cône, ou de la portion de cône ABC ne soit pas le point E ; il sera dans la droite BD, au-dessus ou au-dessous du point E (25 cor.) ; qu'il soit au-dessus, et que le point F soit son centre de gravité. Si le solide ABC est un cône, inscrivons un quarré dans la base, et si ce solide est une portion de cône, inscrivons-lui un parallélogramme, de manière que le quadrilatère inscrit soit à une surface H comme BF est à FE ; inscrivons ensuite dans la base un polygone, de manière que la somme des segmens restans soit plus petite que la surface H (22).

Cela posé, puisque le quadrilatère inscrit est à la surface H comme BF est à FE, la raison du polygone inscrit à la somme des segmens restans sera plus grande que la raison de BF à FE. Mais le polygone inscrit est à la base du cône ou de la portion de cône, comme la pyramide inscrite est au cône ou à la portion de cône ; donc le polygone est à la base moins le polygone comme la pyramide inscrite est au cône ou à la portion de cône, moins la pyramide, c'est-à-dire, le polygone inscrit est à la somme des segmens restans comme la pyramide est à la somme des segmens coniques restans ; mais la raison du polygone inscrit à la somme des segmens restans est plus grande que la raison de BF est à FE ; donc la raison de la pyramide à la somme des segmens coniques restans est plus grande que la raison de BF est à FE. Que GF soit à FE comme la pyramide inscrite est à la grandeur composée des segmens coniques restans. Puisque le point F est le centre de gravité du cône, et que le point E est le centre de gravité du prisme inscrit, à cause que DE est le quart de BD, le point G sera le centre de gravité de la grandeur composée des segmens restans du cône ou de la portion de cône (9) ;

ce qui est impossible, puisque le point G est hors de cette grandeur (*dém.* 5).

Que le centre de gravité du cône ou portion de cône ABC soit au-dessous du point E, et que le point F' soit son centre de gravité; que le quadrilatère inscrit dans la base soit à une surface H comme DF' est à $F'E$. Nous démontrerons de la même manière qu'un point G' de l'axe, placé hors du cône ou portion de cône, est le centre de gravité de la grandeur composée des segmens restans du cône ou de la portion de cône; ce qui est impossible, puisque le point G' est hors de cette grandeur; donc le centre de gravité du cône ou portion de cône ABC. ne peut être ni au-dessus ni au-dessous du point E; donc le point E est son centre de gravité; donc, etc.

PROPOSITION XXX.

Soient les deux progressions arithmétiques suivantes :

$$\div\; n \,.\, n-1 \,.\, n-2 \,.\, n-3 \,.\, n-4 \ldots\ldots 1,$$
$$\div\; 1 \,.\, 2 \,.\, 3 \,.\, 4 \,.\, 5 \ldots\ldots n;$$

multiplions les termes de la progression supérieure par les termes correspondans de la progression inférieure ; je dis que la somme des produits divisée par la somme des termes de l'une de ces progressions est égale à $\dfrac{n}{3} + \dfrac{2}{3}.$

Mettons les termes de la première progression sous la forme suivante :

$$\div\; n+1-1 \,.\, n+1-2 \,.\, n+1-3 \,.\, n+1-4 \,.\, n+1-5 \ldots 1,$$
$$\div\; 1 \,.\, 2 \,.\, 3 \,.\, 4 \,.\, 5 \ldots n;$$

il est évident que la somme des produits des termes de la progression supérieure par les termes correspondans de la progression inférieure sera égale au produit de $n+1$ par la somme des termes de la progression inférieure, moins la somme des quarrés de cette dernière progression ; la somme des produits des termes de la progression supérieure , multipliés par les termes correspondans de la progression inférieure, est donc égale à

$$(n+1)\,\frac{(n+1)\,n}{2}\;-\;\frac{n\,(n+1)\,(2n+1)}{6} \quad (*).$$

Il reste à démontrer que . . . .

$$\frac{(n+1)\,\dfrac{(n+1)\,n}{2}\;-\;\dfrac{n\,(n+1)\,(2n+1)}{6}}{\dfrac{(n+1)\,n}{2}}$$

est égal à $\dfrac{n}{3}\qquad\dfrac{2}{3}\cdot$

Divisons le numérateur $(n+1)\,\dfrac{(n+1)n}{2}-\dfrac{n(n+1)\,(2n+1)}{6}$

par le dénominateur $\dfrac{(n+1)\,n}{2}$, nous aurons pour quotient

$n+1-\dfrac{(2n+1)}{3}$, c'est-à-dire $n+1-\dfrac{2n-1}{3}$, c'est-

à-dire $\dfrac{3n+3-2n-1}{3}$, c'est-à-dire $\dfrac{n}{3}+\dfrac{2}{3}\cdot$ Donc , etc.

PROPOSITION XXXI.

Soit un paraboloïde ABC (fig. 81) ayant pour axe la droite BD , perpendiculaire ou oblique à la base AC ; circonscrivons et inscrivons à ce paraboloïde deux solides composés de cylindres ou des portions de cylindre de même hauteur ; le centre de gravité du solide circonscrit sera dans BD à une distance du point D , qui égalera le tiers de BD , plus le sixième de l'axe d'un des cylindres ou portions du cylindre du solide

---

(*) Bézout , dans son Algèbre , n° 235 et 236 , démontre que la somme des quarrés des termes de la progression arithmétique $1 . 2 . 3 . 4 . 5 . . . . . n$ est égale à $\dfrac{n\,(n+1)\,(2n+1)}{6}.$

circonscrit ; et le centre de gravité du solide inscrit sera dans BD, à une distance du point D, qui égalera le tiers de BD, moins le sixième d'un des cylindres ou portions de cylindre du solide inscrit.

Que les points a, b, c, etc., soient les milieux des axes des cylindres ou portions de cylindre des solides circonscrits et inscrits; ces points seront les centres de gravités de ces cylindres et portions de cylindre (25); donc les centres de gravités des solides circonscrits et inscrits seront placés dans l'axe AB (1). Prolongeons BD, et faisons Df égal à Ba.

Cela posé, que n soit le nombre des cylindres ou des portions de cylindre du solide circonscrit; que φ soit l'axe d'un de ces cylindres ou portions de cylindre, φ sera égal à chacune des droites ab, bc, cd, etc. Nommons π le cylindre ou portion de cylindre EF, nous aurons $GH = 2\pi$, $KL = 3\pi$, $MN = 4\pi$, et ainsi de suite; donc les cylindres ou portions de cylindre du solide circonscrit forment la progression arithmétique suivante : $\pi \cdot 2\pi \cdot 3\pi \cdot 4\pi \ldots n \times \pi$, le dernier terme étant le cylindre ou la portion de cylindre qui a pour base celle du paraboloïde; le solide circonscrit est donc égal à $\left(\dfrac{n\pi + \pi}{2}\right)n$.

Que V soit le centre de gravité du solide circonscrit, on aura, d'après le corrollaire 2 de la proposition 34, 1re partie, $fV =$

$$\dfrac{n\varphi \times \pi + (n-1)\varphi \times 2\pi + (n-2)\varphi \times 3\pi + (n-3)\varphi \times 4\pi + \ldots \varphi \times n\pi}{\dfrac{(n\pi + \pi)n}{2}}$$

$$fV = \dfrac{\varphi[n \times 1 + (n-1) \times 2 + (n-2)3 + (n-3)4 + \ldots 1 \times n]}{\dfrac{(n+1)n}{2}};$$

Mais d'après la proposition précédente . . . .

$$\dfrac{n \times 1 + (n-1)2 + (n-2)3 + (n-3)4 + \ldots 1 \times n}{\dfrac{(n+1)n}{2}} = \dfrac{n}{3} + \dfrac{2}{3};$$

donc $fV = \varphi\left(\dfrac{n}{3} + \dfrac{2}{3}\right)$; donc $DV = \varphi\left(\dfrac{n}{3} + \dfrac{2}{3}\right) - \dfrac{\varphi^2}{2}$.

$$= \frac{2\,n\varphi + \varphi}{6} = \frac{n\varphi}{3} + \frac{\varphi}{6} = \frac{BD}{3} + \frac{BT}{6}.$$ Donc
la distance du point D au centre de gravité du solide circonscrit
égale le tiers de l'axe du paraboloïde, plus le sixième de
l'axe d'un des cylindres ou portions de cylindre du solide
circonscrit.

Puisque $EP = EF$, $GQ = GH$, $KR = KL$, etc., et que
$EF = \pi$, les cylindres ou les portions de cylindre du solide
inscrit forment la progression arithmétique suivante : . . . .
$\div \pi . 2\pi . 3\pi \ldots (n-1)\pi$, le dernier terme étant le cylindre ou
la portion de cylindre qui est appliquée à la base du paraboloïde,
le solide inscrit est donc égal à $\dfrac{[(n-1)\,\pi + \pi] \times (n-1)}{2}$;
que Z soit le centre de gravité de solide inscrit ; on aura,
d'après le corollaire 2 de la proposition 34, 1re partie, $fX =$
$$\frac{(n-1)\varphi \times \pi + (n-2)\varphi \times 2\pi + (n-3)\varphi \times 3\pi + \ldots \varphi \times (n-1)\pi,}{\dfrac{[(n-1)\,\pi + \pi] \times (n-1)}{2}}$$
$$fX = \varphi \times \frac{[(n-1)\times 1 + (n-2)\times 2 + (n-3)\times 3 + \ldots 1 \times (n-1)]}{\dfrac{(n-1+1)\,(n-1)}{2}}$$
mais d'après la proposition précédente
$$\frac{(n-1)\times 1 + (n-2)\times 2 + (n-3)\times 3 + \ldots 1 \times (n-1)}{\dfrac{(n-1+1)\,(n-1)}{2}}$$
est égal à $\dfrac{n-1}{3} + \dfrac{2}{3}$; donc $fX = \varphi \left(\dfrac{n-1}{3} + \dfrac{2}{3} \right)$;
donc $DX = \varphi \left(\dfrac{n-1}{3} + \dfrac{2}{3} \right) - \dfrac{\varphi}{2} = \dfrac{n}{3} - \dfrac{\varphi}{6} =$
$\dfrac{BD}{3} - \dfrac{BT}{6}$; donc la distance du point D au centre de
gravité du solide inscrit égale le tiers de l'axe du paraboloïde,
moins le sixième d'un des cylindres ou portions de cylindre
du solide inscrit. Donc, etc.

PROPOSITION XXXII.

Le centre de gravité d'un paraboloïde coupé par un plan perpendiculaire ou oblique à l'axe, est au tiers de l'axe à partir de la base.

Soit le paraboloïde ABC (*fig.* 82) ; que BD soit son axe, et que DE soit le tiers de BD, je dis que le point E est le centre de gravité du paraboloïde ABC.

Que cela ne soit point, le centre de gravité sera dans la droite BD, au-dessus ou au-dessous du point E (25, *cor.* 1); qu'il soit au-dessus, et que F soit son centre de gravité.

Dans le paraboloïde ABC, inscrivons un cylindre ou une portion de cylindre GH, dont l'axe soit égal à la moitié de BD ; que le solide GH soit à un solide K comme BF est à FE. Inscrivons un solide dans le paraboloïde ABC, de manière que la somme des solides restans soit plus petite que le solide K (24 *cor.*), le centre gravité du solide inscrit sera au-dessous du point E (31), qu'il soit au point G.

Puisque le solide GH est au solide K comme BF est FE, la raison du solide inscrit à la somme des solides restans sera plus grande que la raison de BF à FG ; que le solide inscrit soit à la somme des solides restans comme la droite LF est à la droite FG. Puisque le point F est le centre de gravité du paraboloïde, et que le point G est le centre du solide inscrit, le point L sera le centre de gravité des solides restans (9), ce qui est impossible (*dém.* 5) ; donc le centre de gravité du paraboloïde ABC ne peut pas être au-dessus du point E. Qu'il soit au-dessous, et que le point F (*fig.* 83) soit son centre de gravité.

Que le paraboloïde ABC soit à un solide G comme BE est EF. Circonscrivons au paraboloïde ABC un solide, de manière que la somme des solides restans soit plus petite que le solide G (24 *cor.*), le centre de gravité du solide circonscrit sera au-dessus du point E ; qu'il soit au point H.

Puisque le paraboloïde ABC est au solide G comme BE est à EF, la raison du paraboloïde à la somme des solides restans sera plus grande que la raison de BH à HF ; que le paraboloïde soit à la somme des segmens restans, comme KH est à HF. Puisque le point H est le centre de gravité du solide circonscrit, et que le point F est le centre de gravité du paraboloïde, le point K sera le centre de gravité des solides restans (9), ce qui est impossible (*dém.* 5) ; donc le centre de gravité du paraboloïde ne peut pas être au-dessous du point E. Mais nous avons démontré qu'il ne peut pas être au-dessus ; donc le point E est son centre de gravité ; donc, etc.

FIN.

TABLE DES MATIÈRES.

LIVRE PREMIER.

LIVRE SECOND.

FIN DE LA TABLE.

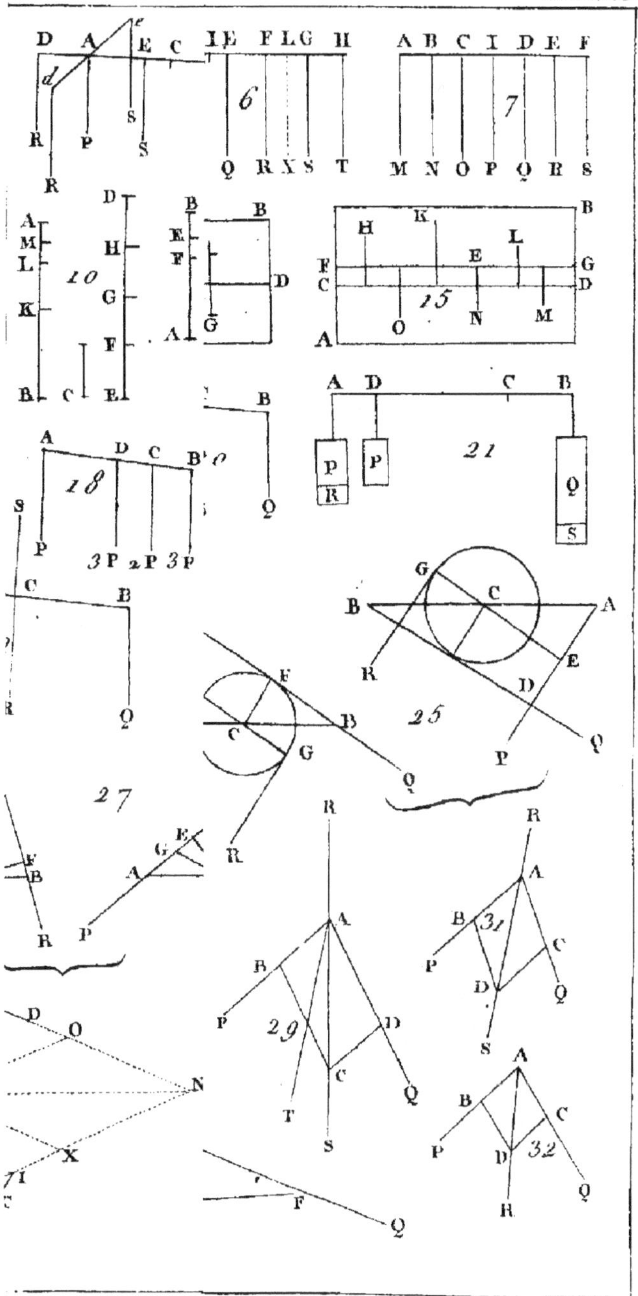
Planche 1.
D A E C I E F L G H A B C I D E F
d
R P S
R S
6
7
Q R X S T M N O P Q R S
A M L K B D H G F E C B E F A G B D B H K L E M F C O N M G D A
10 15
A D C B
18 P P R Q S
3 P 2 P 3 P 21
G C A
B C R E D Q P
25
27
E
C G
B Q
R
F B G E A P R P
D O N X
71
R A B P C D S
31
R A B P C D Q
29
T S A B C P D R Q
32
F Q

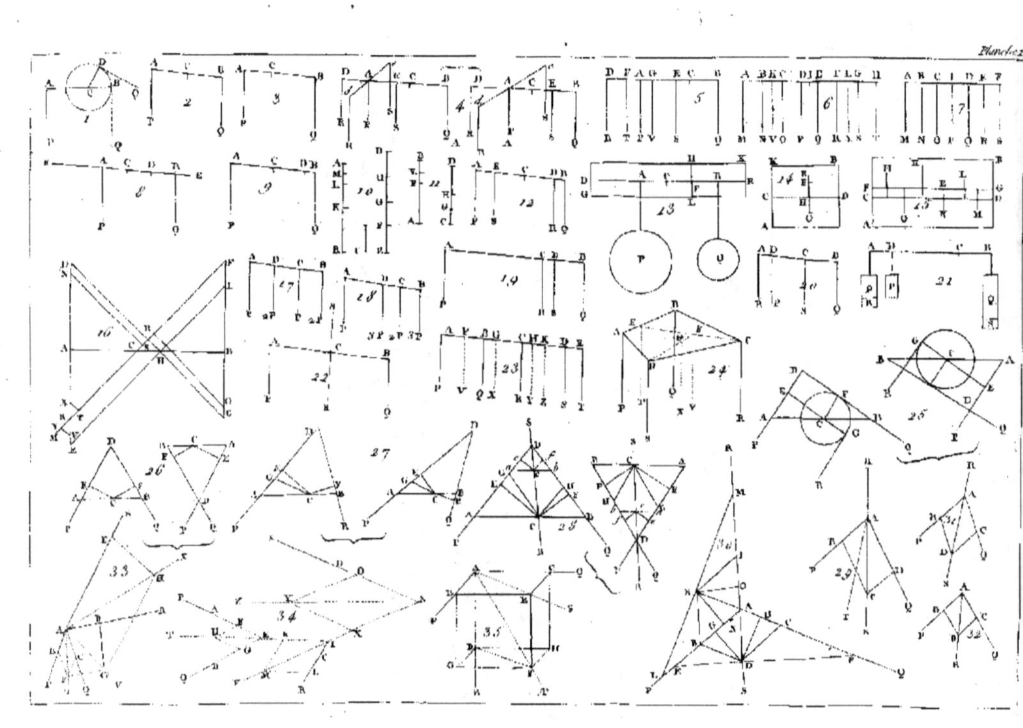

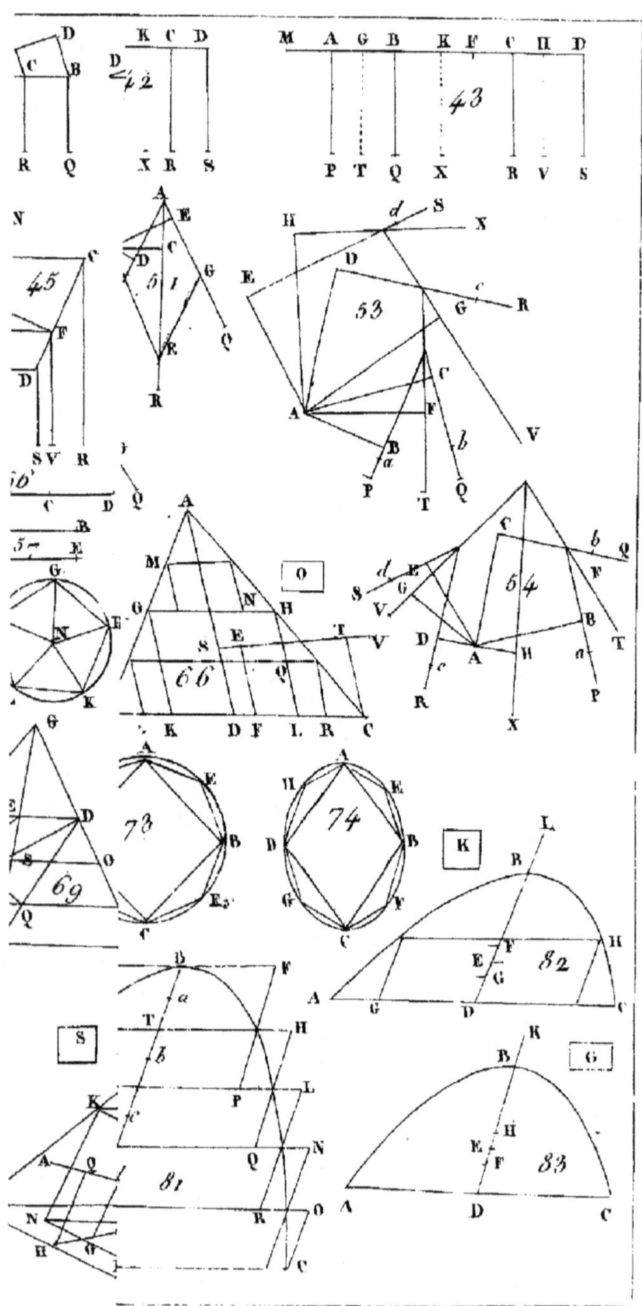

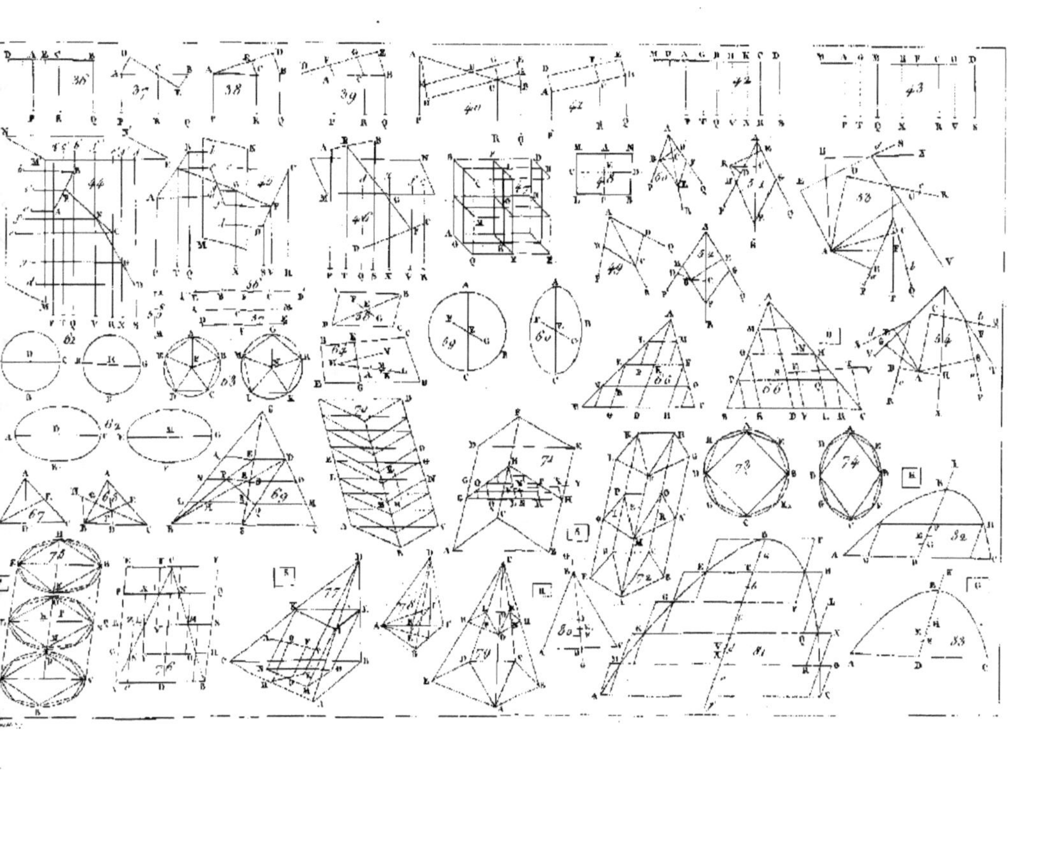